古生物出現！
空想トラベルガイド

JN049079

土屋 健
Ken Tsuchiya

ハヤカワ新書 002

イラスト／谷村 諒
地　　図／土屋 香

はじめに：古生物のいる世界をあなたに

日本橋といえば、江戸の昔から五街道――東海道、中山道《なかせんどう》、甲州街道、奥州街道、日光街道の起点だ。江戸の時代には、木造の太鼓橋。現代では、石造二重アーチがかけられている。現代の日本橋は、5車線の道路と、その両脇にある広い歩道で構成されている。高さ数メートルの位置にある首都高環状線の高架がやや威圧感あるものの、将来的には首都高は川の底に移り、日本橋の上には青空が戻るらしい。

そんな日本橋は、この数年、しばしば通行止めになる。

厳重警戒の中、日本橋を歩いて渡るのは、どこぞの国の元首……じゃない。

のっそり、のっそりと、ときには1頭の、ときには複数頭のゾウがやってくるのだ。

そのゾウは、肩の高さが2階建てバスより少し小さい程度。長い牙《きば》がゆるい弧を描きながら伸びていて、牙の先端は鋭く内側を向いている。

ゾウ、とは言っても、動物園で見る「アジアゾウ」や「アフリカゾウ」じゃない。

このゾウの名前は、「ナウマンゾウ」。

アジアゾウと同じ「ゾウ類」に属するけれども、アジアゾウたちとは祖先がちがう。ちがいは頭部に現れている。ナウマンゾウの頭部には、額《ひたい》から側面にかけて小さなでっぱりがあるのだ。まるで、ベレー帽をかぶっているように見える。ナウマンゾウは、そんなオシャレなゾウだ。

ナウマンゾウは、日本橋を渡るとどこかへ消えていく。誰もその行き先は知らない。日本橋はナウマンゾウに出会うことができる有名ポイントの一つ。規制線の外で、多くの観光客がカメラやスマートフォンで撮影している。

もっとも、観光客の多くは外国からの訪問客だ。ナウマンゾウは「日本を代表するゾウ」として、海外からの観光客に人気が高い。

もともとナウマンゾウは中国大陸を起源とし、かつての〝対馬《つしま》陸峡〟を通って日本へやってきた。その後、九州から北海道に至る各地に生息するようになったゾウ類だ。その化石の一つは、日本橋でもみつかっている。

ナウマンゾウは、〝こちらの世界〟では、太古の昔に滅んだ生き物である。

この本で案内する〝あちらの世界〟では、そんな生き物たちが、なぜか現代に〝出現〟している。

あなたが日本で暮らしているのなら、あなたの住む地域にもナウマンゾウは〝出現〟しているかもしれない。

日本各地には、たくさんの化石が眠っており、研究者や愛好家、ときに土木工事の事業者などによって、日々発見されている。

今は化石でしか見ることができない【古生物】が、「もしも現代に〝出現〟したとしたら、どこでどのように生活しているのか」。

そんな「もしもの世界」――〝あちらの世界〟を旅してみよう。

本書制作にあたり、日本各地の博物館の協力を得た。

これからあなたが旅する〝あちらの世界〟では、古生物は現代世界に生き、私たちと共存している。無数の古生物が蘇《よみがえ》る中から、各地の博物館の〝推し〟を紹介していこう。

本書を読み終えたとき、あなたの眼には新たな〝こちらの世界〟が広がるはずだ。

目次

※本書には多くの古生物の名前が登場します。それは、学名のカタカナ読みであったり、和名であったり、通称であったりします。第一部ではそうした名前の中で親しまれているものを採用し、第二部で学名を紹介しています。

第一部

〝あちら〟の世界

地質時代に栄え、姿を消し、存在の証拠として化石を残す生物を「古生物」と呼ぶ。つまり「古生物」とは、本来は〝滅びた生物〟を指す。

西暦20XX年、古生物が、生きている状態で確認されるようになった。当初は、「滅びたと思っていたけれど、実は生きていた」と認識された。「あの○○が実は生きていた！」と人々はシンプルに喜んだ。

しかしほどなくして、〝時空を歪《ゆが》める霧現象〟が発生し、その〝霧〟を通って古生物が現代世界に現れるようになったことが明らかになる。この現象は、〝出現〟と呼ばれている。とくに多くの古生物が〝出現〟した初期のX年間は、〝大出現〟と呼ばれている。この〝出現現象〟については、物理学者を中心に解析が進んでいる。本書とはまた別の話なので、ご興味をおもちの方は、〝そちらの本〟をご覧いただきたい。

さて、「〝出現〟した古生物」である。

近年では、古生物が〝出現〟する場所には、規則性があることがわかってきた。よく知られているのは、次の二つだ。

第一に、古生物は、その化石が発見された地域に出現する。例えば、おそらく世界で最も有名な古生物である「ティラノサウルス」の化石は、北アメリカ大陸の西部だけで発見されている。そのため、日本列島にティラノサウルスが〝出現〟することはないし、北アメリカ大陸でも中部や東部に〝出現〟することはない。

第二に、〝出現〟にあたって、古生物各種は「陸域」と「水域」の区別しかしない。恐竜類やケナガマンモスなどの陸棲《りくせい》動物は、その化石を含む地層が水底にある場合、水底に〝出現〟するのではなく、該当化石を含む地域の適当な陸域に〝出現〟する。クビナガリュウ類や絶滅したサメ類などの水棲《すいせい》動物は、その化石を含む地層が陸上にあったとしても、陸域に出現するわけではなく、同じ地域の適当な水域に〝出現〟する。長い地球史において、現在の陸地が過去も陸地であったわけではなく、過去の海が現在も海であるわけではない。なんらかの〝調整〟が行われて、陸棲の古生物は陸域に、水棲の古生物は水域に〝出現〟するようなのだ。さらに、水棲種の場合、その水域が淡水であるか、海水であるかは問わないようだ。つまり、海棲の古生物であっても、地層が内陸にあるならば、湖や川などの淡水に〝出現〟する。また、地球の歴史では、気温も、大気組成も一定ではなかったけれども、そうした要素も「気にしていない」ように見える。この〝調整〟について、〝霧〟が何らかの役割を果たしているのではないか、との指摘もあるが、まだ詳しいことはわかっていない。

そして人々は、地域の博物館や大学の専門家の指導を受けながら、古生物の〝出現〟を日常的に受け入れ、自治体によっては、観光資源としての活用を始めた。

今や地球は、古生物とともに生きる世界なのだ。

関東の章

エピソード1　千葉県　――多様な古生物が出現する房総半島

千葉県は、平野の北部、丘陵の南部に大きく分けることができる。「丘陵の南部」とはいっても、その標高は最高で408メートルほど。東京タワーより少し高いが、東京スカイツリーよりも圧倒的に低い。その意味では、全体になだらかな県だ。

一方で、東西南の三方を海に囲まれた県でもある。東と南は太平洋に面し、西は東京湾。海に向かって大きく伸びるこの半島は、「房総半島」と呼ばれている。

フェリー乗り場に出現するイノウエオットセイ

南部の丘陵地帯をつくる山々の一つとして、「鋸《のこぎり》山」を挙げることができる。その標高は、329メートルほど。場所は、東京湾の入り口である浦賀水道のほど近く。「鋸山」の名前の由来は、ギザギザの稜線にあり、まるで「ノコギリ（鋸）」のように見えるためであるという。

鋸山は、房総半島南部を代表する観光地である。麓《ふもと》から山頂まで伸びるロープウェーに乗ると、岸壁のすぐそばを通過する。山頂にある「日本寺」の境内では、空中に突き出た自然の展望台「地獄のぞき」でスリルを味わうことも可能だ。

ちなみに、鋸山は、かつて「房州石《ぼうしゅういし》」と呼ばれる石材の産地でもあった。その石切場は、今でも残っている。

そんな鋸山の北西には、房総半島と久里浜《くりはま》を40分でつなぐフェリーが寄港する「金谷港《かなや》」がある。

金谷港は西の東京湾に開けた港だ。フェリー乗り場として整備されたその南には、多くの漁船が並ぶ漁港もある。内房なぎさラインを走れば、東に鋸山、西に浦賀水道という景色を堪能《たんのう》することができる。

いつの頃からか、この金谷港にオットセイが棲《す》みついている。「イノウエオットセイ」と呼ばれるそのオットセイは、水面から見える丸い頭の大きさが20センチメートルと少しくらい。クリリと丸い眼が愛らしい。フェリーを乗降する際には、水面を探してみると良いかもしれない。

専門家によれば、イノウエオットセイは、〝大出現〟前の世界では、生きている姿を見ることができなかった種類であるという。つまり、この動物もまた、〝大出現〟後に現れた古生物なのだ。

不思議なことに、イノウエオットセイの近縁種《きんえんしゅ》は、アメリカやメキシコにしか確認されていない。そうした近縁種の中には、体重が300キログラムを超えるという大型種もいる。参考までに、〝大出現〟前から知られていたオットセイを挙げると、例えば、南米沖に生息しているミナミアメリカオットセイの体重は、大きな個体で約200キログラム、太平洋北部やオホーツク海に暮らすキタオットセイの体重は大きな個体で約280キログラムであるという。イノウエオットセイがどれほどまで成長するかはまだ明らかになっていないが、近縁種ほどにまで大きくなるとしたら、間違いなく、千葉県を代表する大型哺乳類《ほにゅう》といえるだろう。

遠く離れたアメリカやメキシコと、千葉県の金谷港にどうして近縁種が存在するのだろう?

金谷港でイノウエオットセイを見ることができるようになったのは、黒潮の影響が強くなる夏の時期からだ。そのため、専門家は、イノウエオットセイの祖先は黒潮のような暖流に乗って、アメリカ大陸西岸から時計まわりに太平洋を渡ってきたのではないか、と指摘している。

いずれにしろ、イノウエオットセイは大きな牙をもっているし、そのからだ自体も、ヒトにとって危険といえる大きなサイズになるかもしれない。うかつに近づくことは危険。イノウエオットセイを探す際は、港に常駐しているガイドに相談すると良いだろう。

神秘の鯛《たい》とコミナトダイオウグソクムシ

　鋸山から車で約1時間。上総《かずさ》丘陵と安房《あわ》丘陵の境を抜ける長狭《ながさ》街道を東へ走っていく。最初は丘陵の緑が街道に迫り、徐々に開けた地形となっていく。房総半島を横断し、たどり着いたのは、太平洋。鴨川市だ。

　鴨川市の海岸線の崖に沿うように東進すると、やがて内浦湾にたどり着く。小さな海水浴場と港がある。ＪＲ外房線の安房小湊《あわこみなと》駅もある港町である。

内浦湾は、南に向かって開けている。その東海岸が今回の目的地。

　鴨川市小湊「鯛の浦」だ。

　鯛の浦は、日蓮《にちれん》宗の開祖である日蓮生誕の地として知られている。

貞応《じょうおう》元年（１２２２年）、日蓮は、この地で生まれた。このとき、海面に鯛の群れが集まったという。この鯛の群れは、「日蓮の誕生時に起きた不思議な出来事」の一つとして知られ、「神秘の鯛」と呼ばれている。

　鯛——学術的な分類では「マダイ」は、本来は、水深約30メートル以下にしか生息しない。群れもつくらない。

しかし、「神秘の鯛」は水深10〜30メートルの浅い海に現在でも生息し、しかも群れをつくり、あまつさえ、船べりを叩くなどの音を出せば、水面近くに出現するという。この特異な習性は現在でも解明されていない謎とされている。そのため、文化庁は「鯛の浦タイ生息地」として、特別天然記念物に指定している。

そんな鯛の浦では、もう一つの「神秘」に出会うこともできる。

港から南へと続く「鯛の浦遊歩道」を歩いていこう。小弁天島と名付けられた、鳥居のある小さな島の対岸あたりまで進み、海岸をこっそり覗《のぞ》く。

運が良ければ、そこに「コミナトダイオウグソクムシ」を見ることができる。

よく知られる「ダイオウグソクムシ」は、大西洋の深海底に生きる節足動物で、いわゆる「ダンゴムシ」の仲間である「等脚類《とうきゃく》」というグループに属している。種によっては、幅のある大きなからだをもち、歩行だけではなく、泳ぐこともできるけれども、同じ場所でじっと動かないことも多い。

コミナトダイオウグソクムシも等脚類の一員で、その大きさは、全長24センチメートルほど。全長45センチメートルというダイオウグソクムシほどではないにしろ、なかなかの存在感のある大きさである。

鯛の浦遊歩道からは、そんなコミナトダイオウグソクムシが、岩肌の間でゆっくりと休んでいるようすを見ることができる。

もっとも、「同じ場所でじっと動かないことも多い」ことが、この仲間の習性である。あなた自身がその、コミナトダイオウグソクムシに付き合ってゆっくりするのも良いが、同行者がその時間に耐えられるかどうかは保証の限りではない。遊歩道には、一応、ベンチも用意されているけれども、「誰と一緒に行って、どのくらい観察するか」は、事前に決めておいた方が良いだろう。

その上で、「動」の「鯛」と、「静」の「コミナトダイオウグソクムシ」の両方を堪能することをおすすめする。

マザー牧場への道に出没するムカシマンモス

鋸山から車で30分ほど北へ向かえば、「マザー牧場」がある。海岸から離れ、久留里鹿野山湊線《くるりかのうざん》を登っていく。鬱蒼《うっそう》と樹木が茂る先に広がる広大な牧場。そこでは、羊や馬などの多様な動物たちが暮らし、人々は思い思いにそうした動物たちと触れ合うことができる。植物園や果物狩り、遊園地などもある一大観光地だ。

そのマザー牧場に向かう久留里鹿野山湊線に、いつの頃から「マンモス注意」の看板が立つようになった。

鹿野山周辺の森林の中には、どうやら、マンモスが生息しているらしい。

……「らしい」というのは、散発的な目撃報告があるだけで、映像や画像で確認されているわけではないからだ。専門家による調査も行われているが、どうにもその正体を追い切れていない。

それでも、目撃報告をまとめると、どうやら有名なケナガマンモスではないようだし、一般の人々がしばしばマンモスと混同するナウマンゾウでもなさそうだ。

専門家は、このマンモスは「ムカシマンモス」ではないか、と指摘している。ムカシマンモスといえば、日本各地で確認されている長鼻類《ちょうび》の一つ。ただし、謎が多く、〝大出現〟のあとでも、その姿ははっきりしていない。

いずれにしろ、マンモスに衝突したとあれば、自動車もただではすまない。運転には細心の注意を払われたい。

潮干狩りでトウキョウホタテ

沖合5キロメートルの人工島「海ほたる」から、ほぼまっすぐに南東へと伸びる橋「アクアブリッジ」。東京湾中央部を神奈川県川崎市から千葉県木更津《きさらづ》市へと結ぶ「東京湾アクアライン」の3分の1に相当する橋梁《きょうりょう》部分だ。

よく晴れた日に木更津市の海岸からアクアブリッジを望んでみよう。穏やかな東京湾、海との調和を意識してつくられた滑らかな形状の橋梁部。蒼穹《そうきゅう》の下に映える光景がそこにある。川崎市側のアクアラインの入り口はトンネルであるため、自然と人工物が織りなすこの絶景を見ることができるのは、木更津市側の特権といえる。

そんな木更津市には、潮干狩り会場がいくつもある。春から夏にかけて、関東各地から多くの人々――とくに家族連れが訪れて、熊手を片手に貝を探す。

お目当ては、もちろん、アサリ。味噌汁、炊き込みご飯、酒蒸し、ボンゴレ……などと、多くの料理を楽しむことができる二枚貝だ。

他にも、バカガイ、ハマグリ、シオフキ、ツメタガイ、サルボウ、カガミガイといった貝

も獲ることができる。アサリだけではなく、こうした〝レアな貝〟を探す楽しみもある。

近年になって、このラインナップに「トウキョウホタテ」が加わった。

一般に、「ホタテ」といえば、「ホタテガイ」のこと。ホタテガイは、東北地方から北海道にかけての海底付近に生息し、東京湾では見ることができない。

しかし、トウキョウホタテはその名が示すように、東京湾でも獲ることができる。トウキョウホタテは、ホタテガイと比べると大きさも形も似ているが、放射状の凸構造（肋《ろく》）が少ないという特徴がある。木更津市の潮干狩り会場では、東京湾でホタテを獲ることができるとして、人気も高い。

もっとも、トウキョウホタテの「トウキョウ（東京）」は、東京湾を指してのものではない。

もともとトウキョウホタテは、古生物の一つ。つまり、〝大出現〟より前は、生きている姿を見ることができなかった。その化石が最初に新種として報告されたとき、東京で発見された標本が使われた。そのため、「トウキョウホタテ」と呼ばれるようになったにすぎない。実は、九州から本州にかけての各地で、トウキョウホタテの化石を採集することも、生きた個体を獲ることもできる。

さて、獲ったトウキョウホタテの最適の料理法は？

今は、便利な時代だ。インターネットで検索すれば、トウキョウホタテの調理法がいくつも紹介されている。

筆者のおすすめは、やはり網焼きだ。ホタテといえば、その大きな貝柱と、コリコリの歯応えのある外套膜《がいとうまく》。酒と醤油《しょうゆ》を垂らし、ぐつぐつと始まったところをいただく。潮干狩り会場のそばでも、こうした料理を出す店はいくつもあるので、潮干狩りでトウキョウホタテをゲットできなかった場合でも大丈夫。未食の方は、ぜひ、自分の舌で、その味をご堪能いただきたい。

田園地帯。田んぼを好むニホンハナガメ

木更津の海岸から少し内陸に入ると、そこには袖ケ浦《そでがうら》市の市街地が広がっている。

ＪＲ内房線袖ケ浦駅のほど近く。袖ケ浦市役所入口の交差点を南へ進もう。道なりに進んでいくと、やがて左右に見渡す限りの田んぼが広がるようになる。

この道は、「袖ケ浦フラワーライン」と呼ばれ、袖ケ浦市の田園地帯を横断する形で、国道４０９号線まで続く。

この田園地帯に、実は珍しいカメが生息していることは、あまり知られていない。そのカメの名前は、「ニホンハナガメ」。赤褐色から黒褐色の細長い甲羅《こうら》をもち、中国南部に生息するハナガメに似た淡水棲のカメだ。ニホンハナガメの甲長は、30センチメートルほどとハナガメよりも2割ほど大きくて、甲羅はより滑らかという特徴がある。

全国各地の沼や池では、人為的に持ち込まれた外来種のカメが問題となっている。しかし、ニホンハナガメはちがう。〝大出現〟によって確認されるようになった日本固有のカメだ。

もしも自動車で袖ケ浦市を訪れているのなら、袖ケ浦フラワーラインの途中にある市営の駐車場を利用しよう。路上駐車は厳禁である。そして、車や地元の人々の日常を邪魔《じゃま》しないように細心の注意を払いながら、田んぼを覗き込もう。

もちろん、田んぼに侵入したり、あまつさえ、ニホンハナガメに直接触ったりする行為も問題外。ニホンハナガメとの出会いは、地元の人々の協力によって成り立っていることを忘れてはいけない。

空港臨時閉鎖は名物――ナウマンゾウ

成田市は、千葉県北部の中核都市だ。

北は利根《とね》川、西は印旛《いんば》沼という立地にあり、市の中心部は成田山新勝寺《しんしょうじ》の門前町となっている。

そして、「成田」といえば、やはり「成田国際空港」だろう。日本を代表する「空の玄関口」であり、1日平均約700回の航空機の発着があり、10万人以上の人々が日々利用している。

空港の敷地は、真上から見るとアルファベットの「Z」を左右反転したような形をしている。左右反転した「Z」の下側の直線が長さ約4000メートルの「A滑走路」であり、上側の直線が長さ約2500メートルの「B滑走路」である。そして、両滑走路の間を斜めにつなぐように航空機の移動路があり、その移動路の西側を中心にターミナルビルなどのビルがある。

昨年、そんな成田空港に、「ゾウ注意灯」が設置された。

東西南北を問わず、突如《とつじょ》として、空港の滑走路にゾウが〝出現〟するようになったためだ。

前兆現象として、直径50メートルほどの、極めて局所的な霧が現れる。管制塔でその霧が確認されると、ゾウ注意灯が点灯され、空港機能の一部が停止する。滑走路を移動中の航空機はその場に停止し、着陸態勢にあった航空機は、燃料に問題がない場合は上空待機、燃料に問題がある場合は、羽田空港や茨城空港へ誘導される。

霧から現れるゾウは、「ナウマンゾウ」だ。

〝大出現〟以降、日本各地で見ることができるようになったゾウである。額から側面にかけて小さな出っ張りがあり、まるで、ベレー帽をかぶっているように見える。

成田空港に出現するナウマンゾウは、大小数頭で小さな群れをつくっていることが多い。大きな個体は肩の高さが2・7メートルほど。

敷地のどこかに出現したゾウは、その後、ゆっくりと空港内を歩き、出現地とは別の小規模な霧の中へと消えていく。

基本的には、霧と霧の間をほぼ直線的に移動するため、その移動路次第では、空港機能も部分的に開放される。例えば、B滑走路の端から端まで横断するときは、A滑走路は開放されるわけだ。そのため、離着陸の完全な停止は出口となる霧が確認されるまでとなっている。その時間は、長くても30分ほど。

過密スケジュールで知られる空港において、「30分の停止」はけっして短くない。利用客

からもさぞ苦情が集まっているのかと思いきや、少なくとも現在では、「ナウマンゾウの出現に立ち会った！」という幸運感の方が注目されている。
　ナウマンゾウの出現と移動は、その影響を受けるすべての航空機内に中継放送され、もちろんターミナルビルでもその映像を見ることができる。ナウマンゾウの移動ルート次第では、展望室から肉眼で見ることも可能だ。成田空港では、そのサービスの一環として、出現したナウマンゾウを撮影した画像と出現日時の入ったカードをその影響を受けた人々に無料で配っている。
　成田空港は、「ナウマンゾウに会えるかもしれない国際空港」として世界的に知られるようになり、利用旅客数は〝大出現〟後でも微増しているという。
　今のところ、ナウマンゾウの〝出現〟に規則性はなく、一度〝出現〟したら、1週間は〝出現〟しない、という経験則のみ知られている。

航空機とナウマンゾウ、というレア景色を見ることができるかどうかは、まさに運次第といえる。

銚子《ちょうし》半島の東端でアンモナイトと琥珀《こはく》に会う

千葉県北東部、太平洋に突き出た銚子半島。その東の端に、「犬吠埼灯台《いぬぼうさき》」がある。そこは、東南北を海食崖に囲まれた絶景ポイント。高さ約32メートルの白亜《はくあ》の灯台と白波をつくる太平洋、そして青い空の組み合わせがなんとも絵になる場所だ。アクセスは、「ぬれ煎餅《せんべい》」をはじめとするさまざまな話題で知られる銚子電鉄の終点駅の一つ前、「犬吠」から徒歩10分。

景色を堪能したら遊歩道を使って海岸まで降りてみよう。初訪問の際は、古生物ガイドの同行がおすすめだ。

「あそこです！　あの波間！」

ガイドが指差すその先を見つめると、クリップのような形の殻をもった動物がいる。その大きさは、長径数十センチメートルといったところだろうか。

「あれ、アンモナイトですよ」

　ガイドがタブレットに全身像を示す。そこに表示されているのは、なんとも不思議な姿をしたアンモナイトだ。からだの一部は、たしかに〝よく知るアンモナイト〟のように、螺《ら》旋《せん》を描いている。しかし、その最外周は途中から螺旋をはずれ、直進し、その先で大きく曲がって、その先から顔が出る。そう、〝クリップのなり損《そこ》ね〟のような、そんな形なのだ。

　これは、異常巻きアンモナイトの一つ。「異常巻き」が何なのかは、ぜひ、70ページの北海道のエピソードをご確認いただきたい。「異常巻きアンモナイトといえば、北海道」だけれども、実は銚子の沿岸にも、異常巻きアンモナイトが〝出現〟し、生息している。

　銚子沿岸に生息するこの異常巻きアンモナイトは、「オーストラリセラス」という名前がついている。

銚子沿岸には、他にも数種類のアンモナイトが生息している。図鑑やタブレットを片手に、いったい何種類のアンモナイトをみつけることができるか、挑戦してみるのも良いかもしれない。

銚子の街中では、ヒトの掌《てのひら》サイズというかなり小さな霧が発生することがある。その霧が出たあとに、霧の出たあたりを探すと、指先でつまむことのできる「琥珀」が転がっていることが多い。

もともと銚子は、白亜紀前期につくられた琥珀が採れることで知られている。しかし、もちろん、そうした琥珀は、街中に転がっているものではない。よく見ると〝出現〟した琥珀の中には、虫が閉じ込められている。専門家によれば、こうした「虫入琥珀」は、内部の虫が古生物であり、その虫を覆う樹液の塊（琥珀）ごと、〝出現〟するようになったらしい。つまり、霧から〝出現〟した「虫入琥珀」は、〝できたてほやほや〟なのだ。市は、街中に転がっている琥珀をみかけたら、市の窓口に届け出るように呼びかけている。市を通じて専門家のもとへ送られるとのことである。

エピソード2　神奈川県　──トドとアシカとゾウ、サルが暮らす南関東

神奈川県は、東西に長い県だ。東端は東京湾に面し、東京湾沿いに北から川崎市、横浜市、横須賀《よこすか》市といった都市が連なっている。

こうした〝東の都市〟のすぐ西には、南の三浦半島から北の多摩《たま》丘陵まで連なる丘陵地帯がある。源氏・北条氏の幕府で知られる「鎌倉」は、三浦半島の西側の付け根にある。

この丘陵地帯の西には相模《さがみ》平野が広がり、その西では丹沢《たんざわ》山地から大磯丘陵にかけての連なりがある。さらにその西には足柄《あしがら》平野、そして箱根火山や足柄山地がある。豊臣秀吉によって攻められた小田原城の位置は、箱根火山の東の麓に近い。

都市圏が丘陵によって三つに分断されている。それが、神奈川県の特徴だ。

「タマちゃん」は、アザラシだけとは限らない？

さて、そんな神奈川県の北東部、東京都との都県境には、多摩川が流れている。

2000年代初頭、河口から16キロメートルほど上流にある丸子橋付近にアゴヒゲアザラ

シが確認され、「タマちゃん」の愛称がつけられて一大ブームとなった。多くの人々が、その愛らしい姿をひと目見ようと丸子橋付近に集まった。一定以上の世代の人々には、懐かしい話題かもしれない。

〝大出現〟以降、多摩川では、〝新たなタマちゃんブーム〟が起きている。丸子橋からさらに10キロメートルほど上流。登戸《のぼりと》付近で、トドとアシカが確認されたのだ。観覧ポイントが河岸につくられている。登戸駅から東へと歩き、二ヶ領宿河原堰《にかりょうしゅくがわらぜき》付近から河岸に出る。すると、整備された展望台がある。

その展望台の先では、1頭のトドと3頭のアシカが、二ヶ領宿河原堰のやや下流付近を泳いだり、中州で休憩したりしている。

日曜日ともなれば、多くの人々がトドの巨体に驚き、アシカの仕草に目尻を下げる。展望台近くの駐車場では、キッチンカーが数台出ていることが多く、食事をしながらの見学も可能だ。ちなみに、地元自治体である川崎市では、トドとアシカに住民票を与えようと、今年いっぱい、その名前を公募中である。

もっとも、ここで見ることのできるトドやアシカは、実は130万年ほど前の種とみられている。よく見ると、カイギュウ類の姿も見える。いずれも東京湾から多摩川を遡上《そじょう》してきたものではなく、水族館などから逃げ出したものでもない。

〝大出現〟でこの地に現れた古生物のようだ。

……まあ、でも、その愛らしさに〝生きていた時代〟は関係なく、今日も多くの人々を楽しませている。

横須賀海自基地のナウマンゾウと〝北方のサカナ〟たち

横須賀市は、県都である横浜市の南に位置し、三浦半島の中核部を占める。

市内には、東京湾の入り口である浦賀水道に突き出た観音崎《かんのんざき》があり、東京湾の入り口を監視・防衛するのに都合が良い。そして海岸には水深の深い湾もあり、江戸末期から現在に至るまで東京湾防衛の要衝《ようしょう》として発展してきた。第二次世界大戦まで、横須賀鎮守府《ちんじゅふ》が設置され、ドックを複数擁《よう》する海軍工廠《こうしょう》もあった。

大戦後、横須賀の港湾施設の多くは米軍に接収され、現在も、米軍の横須賀基地として広い範囲が使用されている。

海上自衛隊の横須賀基地もある。JR横須賀駅から徒歩数分でたどり着くその基地には、年に数回の一般公開日がある。

一般公開日では、海自の護衛艦や潜水艦のほか、南極観測船の「しらせ」にも乗艦・見学することができる。

そして、〝大出現〟以降、岸壁に停泊する護衛艦の上に、「ベレー帽のような凸部のある頭部」で知られるナウマンゾウが出現するようになった。普段は現れないのに、なぜか、公開日に〝出現〟する。その理由はわかっていない。同じ横須賀本港であっても、なぜか米軍横須賀基地には〝出現〟しないというから、不思議である。

ナウマンゾウが〝出現〟するようになってから、海自では広報戦略の一環として、ナウマンゾウが歩きやすい「いずも型」を一般公開日に配備するようになった。

広いいずも型護衛艦の甲板に〝出現〟したナウマンゾウは、自衛隊員の誘導にしたがって200メートルを超える甲板を歩いていく。

出現する時刻は不明だけれども、前兆現象である霧が観測される。海自隊員も慣れたもので、霧を観測したらナウマンゾウの誘導路をつくることになっている。

見学に訪れた人々は、「護衛艦甲板を歩くナウマンゾウ」という、世にも珍しい光景を見ることができるわけだ。

なお、一般公開日で隠れた名物になっているのが、ニシンとスケトウダラの塩焼きだ。航空機地上展示スペースのそばに展開される出店で味わうことができる。

本来、ニシンは北方系の魚として知られている。「北海道のサカナ」とも呼ばれ、春になると産卵のために北海道沿岸に現れる。スケトウダラも、北海道でよく獲れる。こちらの旬

の

は冬だ。

そんなニシンとスケトウダラが、なぜ、横須賀の海軍基地で供されているのだろう？

実は、〝大出現〟以降、横須賀の沿岸にニシンとスケトウダラが現れるようになった。専門家によれば、実は横須賀のニシンとスケトウダラは、古生物であるという。ただし、〝大出現〟以前から確認されているニシンとスケトウダラとまったくの同種だ。

現在では、ニシンとスケトウダラは横須賀名物の一つとなっている。ナウマンゾウを見て、ニシンとスケトウダラを食べる。そんな1日を、海自基地ですごすというのもアリだろう。

平山橋を渡るミエゾウとカナガワピテクス

登戸駅から小田急小田原線で小田原方面へ向かい、丘陵を越えると、そこは相模川とその支流が流れる相模平野だ。本厚木《ほんあつぎ》駅でバスに乗り換えて、北上する。半僧坊《はんそうぼう》前のバス停で下車したら、坂道を少し下って平山坂下交差点を左折。道なりに少し歩くと中津川にかかる二つの橋がある。下流側は、車も通る「平山大橋」。上流側は、歩行者専用の「平山橋」だ。

この平山橋が、今回の目的地。なお、厚木方面からのルート以外にも、JR橋本駅からバスを乗り継いで、田代バス停で降りて南下するというアクセス方法もある。所要時間は、本厚木から約40分、橋本駅からは50分といったところだ。自動車で訪ねる場合は、田代運動公園を目印に向かうと良い。

平山橋は、丹沢山池の東端近くに位置しており、上流を望めば、仏果山《ぶっかさん》などの山が連なる。下流は相模平野へつながり、丘陵がしだいに低くなっていく。

平山大橋とちがい、平山橋は鋼橋《はがね》だ。「トラス」と呼ばれる上部構造が三つ連なっている。橋長は、112・71メートル。幅は4・5メートル。大正時代に建造されたもので、土木学会によって「日本の近代土木遺産」に選出されている。また、第二次世界大戦中に米軍機の機銃掃射を受けた弾痕《だんこん》が欄干《らんかん》などに残っていることから、戦争遺跡ともされている。

平山橋には、ライトアップ設備が整えられている。クリスマスなどの特定の時期にライトアップされるその姿は、実に幻想的だ。中津川の川面《かわも》に映るトラスもまた美しい。日没の時間に丹沢山地をバックに見るその景色は、筆者のおすすめである。

そのライトアップの時間帯に、ゾウとサルが平山橋を渡ることがある。

ゾウは、小さなゾウだ。その肩の高さは、私たちヒトの身長とさして変わらない。このゾウは、「ミエゾウ」と呼ばれている。ミエゾウの幼獣だ。

ときに、そのゾウと一緒に、サルが橋を渡ってくる。身長は50センチメートル前後だろうか。トラスの上を器用に歩いたり、ミエゾウの背中に乗っていたり、実に〝自由〟だ。一見して、ニホンザルとちがうこのサルは、「カナガワピテクス」と呼ばれている。どうやら、

アフリカなどに生きている「コロブス類」というオナガザルの仲間らしい。

もちろん、ミエゾウもカナガワピテクスも、〝大出現〟以降に現れるようになった古生物である。なぜか、ライトアップの時間にあわせて出現し、ゆっくりと橋を渡って、そして消える。

ライトアップすれば必ず出現するというわけではなく、実は現れないことの方が多い。それでも、平山橋のある愛川町では、ライトアップ時には橋の両たもとに係員を配置して、いざ現れたら、橋は通行止めとなる。人々は橋のたもと、あるいは、平山橋の歩道から、そのようすを見学することができる。

エピソード3　群馬県 ——利根《とね》川源流の県に、恐竜とイルカたちが現れる

内陸県、群馬。その北部と西部には山地があり、南東部には関東平野が広がっている。

そんな群馬県を縦断する川が、利根川だ。県北の山地を源流とし、日本最大の流域面積と、日本2位の長さを誇る。南に行くにつれて西部の山地から流れる碓氷《うすい》川、鏑《かぶら》川、神流《かんな》川と合流し、その南で東に方向を変えて、埼玉県との県境となる。

群馬県名物の一つ、「空《から》っ風」は冬場の乾いた強風だ。北西部の山地を越えて吹き下ろし、こうした河川に沿うように進む。風速が秒速10メートルを超えることも珍しくなく、群馬県や埼玉県北部で学生時代を過ごした人々は、「風が強かったので遅刻した」という経験をリアルに味わう（実は、筆者もそうした経験のある一人だ。なにしろ、自転車は強風の影響を直接受ける）。

雨の富岡製糸場で、ヤベオオツノジカに出会う

群馬県の南西部、関東山地がすぐそばに迫る富岡市に、明治日本を支えた富岡製糸場があ

る。
アクセスは、電車の場合は上信電鉄上州富岡駅から徒歩で約10分。上州富岡駅には、タクシーやレンタサイクルも充実している。自動車の場合は、もちろん富岡製糸場を目印に進む。ただし、富岡製糸場自体には駐車場はなく、近隣の市営駐車場などを利用することになるので、事前に調べておいた方が良いだろう。

富岡製糸場は、明治政府が輸出品として力を入れていた生糸の生産工場だ。明治5年に操業を開始し、当時、世界最大の規模を誇った製糸工場だった。２０１４年には、「富岡製糸場と絹産業遺産群」の中核施設として、ユネスコの世界遺産にも登録されている。

広い敷地には、繰糸所をはじめとして、繭倉庫や住居、ボイラー施設などが並んでいる。いずれも国宝や重要文化財に指定されている。

そんな富岡製糸場の〝隠れた名物〟は、雨の降る日に見ることができることが多い。

傘をさすか、傘をさすまいか。そんな小雨の降る日、国宝の西置繭所《にしおきまゆしょ》の前の広場に〝小さな霧〟が発生し、シカが〝出現〟することがある。

そのシカは、肩の高さが１・８メートルほどの大きさ。

動物園などで見るシカとの明らかなちがいは、ツノだ。富岡製糸場のシカには、左右幅が１・５メートルもあろうかという大きなツノがある。そのツノは左右それぞれの根本で２方

向に分かれていて、その先はまるでヒトの掌のように広がっている。

このシカの名前は、「ヤベオオツノジカ」である。〝大出現〟以降に見ることができるようになった古生物である。

西置繭所の前に〝出現〟したヤベオオツノジカは、左右を見ながらゆっくりと歩き始め、細かい砂利が敷かれた左右の大小の植木のある道を東置繭所に向かって進む。そして、東置繭所の前に現れた〝小さな霧〟の中に消えていく。その距離は約140メートル。時間は5分から10分ほどだ。

ヤベオオツノジカの〝出現条件〟は限られており、〝出現時間〟も短い。

だからこそ、富岡製糸場訪問時に小雨が降り始めたら、ぜひ、西置繭所や東置繭所で見学待機をしたいところ。〝霧〟が観測された時点で場内放送もあるので、係員の誘導にしたがってほしい。運が良ければ、太古の日本を代表する大きなツノのシカに出会うことができるだろう。

鯉のぼり祭りを楽しむスピノサウルス類

河川敷に約800匹の鯉のぼりが舞う。

神流町の春の風物詩、「かんな鯉のぼり祭り」だ。

神流町は、富岡市から見ると南の関東山地の中にある。富岡製糸場からはネギの産地で有名な下仁田《しもにた》町を経て南牧村、上野村を通っていく。西をぐるりと回って南下したその先に、鯉のぼり祭りの会場となる河川敷がある。カーナビの目印は、「コイコイアイランド会館」。富岡製糸場から向かった場合の所要時間は、車で1時間20分ほど。

川幅70メートル弱の清流の上を泳ぐ鯉のぼりの姿は実に雄大で、会場では各種バザーやステージイベントも開催され、非日常の1日を楽しむことができる。

そんな異空間的雰囲気の演出に一役買っているのは、巨大恐竜の存在だ。

800匹の鯉のぼりの下流に〝出現〟し、ゆっくりと川を歩いてくるその恐竜は、「スピノサウルス類」と呼ばれるグループに属している。グループは明らかになっているけれども、種名の特定までには至っていない。どことなく、グループの代表種であるスピノサウルス・

エジプティアクスに近い風貌のような気がする。

　全長は、15メートル近い。大型の観光バスよりも一回り以上大きい長さだ。その長さの割には細身である。とくに頭部は前後に細長く、口には円《えん》錐《すい》形の歯が並んでいる。背中には、帆《ほ》のようなつくりがあり、その最高点の高さは6メートル近くある。そして、長い尾をもつ。ともすれば、アンバランスに見えるからだを、尾で器用にバランスをとりながら、2本の長い脚ですっと立ち、前傾姿勢でゆっくりと歩く。

　このスピノサウルス類の恐竜は、〝出現〟後、とくにヒトを襲うこともなく、鯉のぼりに悪さをするわけでもない。

　むしろ800匹の鯉のぼりを堪能するように、その泳ぎを眺め、ときに身をかがめながら進む。

　どことなく恐ろしい顔つきのため、〝大出現〟

で確認され始めた当初、人々はこの恐竜から逃げ回った。その後、どうやら祭りの時期にだけ〝出現〟することがわかると、鯉のぼり祭りを中止するか、あるいは、時期をずらすなどの議論も行われた。

しかし専門家による分析が進み、また、世界の他の地域に〝出現〟する同じスピノサウルス類の恐竜のデータが集まると、この恐竜は積極的にヒトを襲わないことが判明した。それどころか、神流川で獲れた鮎を口に向けて放ってやると、嬉しそうにそれをキャッチすることが明らかになった。餌付《えづ》けできるのだ。

現在では、下流に出現したこの恐竜は、鯉のぼりを堪能したのち、こいこい橋までやってきて、係員から鮎を受け取り、そして、再び鯉のぼりを堪能して下流に消える、ということを日々繰り返す。

恐竜が現れると、場内には「刺激を与えないように」とのアナウンスが流れる。その点にだけ注意すれば、人々は「鯉のぼりと恐竜」という他にない風景を味わうことができるのだ。

珍しい風景だけに、さぞや混雑するだろうと思いきや、山中のイベントのためか、意外と空いている。穴場ともいえるかもしれない。

碓氷湖の飛べないハクチョウとイルカ、そして、メガロドン

富岡製糸場から西へ。

県道47号から上毛三山《じょうもうさんざん》パノラマ街道、県道51号、中山道、国道18号と妙義山の北側を北西へ進めば、その先には群馬県と長野県の県境である碓氷峠がある。上信越自動車道が完成してのちは、一般道で峠越えをする車は減ったけれど、今回はあえて、一般道で進む。

碓氷峠の少し手前で左側に見えるのは、四方を国有林に囲まれた人造湖、「碓氷湖」だ。

富岡製糸場からの所要時間は、約40分。直接向かう場合は、上信越道松井田妙義《まついだみょうぎ》インターチェンジが最寄《もよ》りの高速道路出口。そこから、国道18号を15分ほど進む。

駐車場も整備され、1周約1・2キロメートルほどの散策道を歩くことができるこの湖には、複数の古生物が〝出現〟している。

比較的簡単に見ることができる古生物は、「アンナカコバネハクチョウ」だ。

駐車場の対岸付近にある煉瓦《れんが》風のアーチ橋「ほほえみ橋」付近の湖面で、1メートルほどのからだで泳いでいる。

アンナカコバネハクチョウは、その名の通り、ハクチョウの仲間。ただし、翼が小さいため、「飛べないハクチョウ」である。

注目してほしいのは、その背中だ。数羽のヒナが乗っているはず。アンナカコバネハクチョウは、ヒナをおんぶして育てるという習性があるのだ。

そして、運が良ければ、2種類のイルカにも会うことができる。
ともに全長2メートルほどで、口先が細い「ケントリオドン・ナカジマイ」と、口先が太い「ノリスデルフィス・アンナカエンシス」が確認されている。とくにケントリオドン・ナカジマイは深く潜っていることが多く、なかなか湖面上からその姿を確認することは難しい。それでも、辛抱《しんぼう》強く観察すれば、呼吸のために湖面までやってきたイルカたちをみつけることができるだろう。運が良ければ、湖面から跳ねるイルカを見ることもできるかもしれない。
アンナカコバネハクチョウも、ケントリオドン・ナカジマイも、ノリスデルフィス・アンナカエンシスも確認できない日は、注意が必要だ。管理事務所も、散策道への立ち入りを禁じる。

なぜなら、「メガロドン」が〝出現〟している可能性があるから。

全長10メートルを軽く超えるこの巨大ザメは、獰猛《どうもう》を絵に描いたような性質だ。姿はホホジロザメに似る。もちろん、サメであるから陸に上がることはないけれども、万が一のことを考えれば、管理事務所による「散策道への立ち入り禁止」の対応も納得といえよう。

この場合は、駐車場から湖面を眺めるだけとなる。もっとも、遠目とはいえ、その巨体を少しでも見ることができれば、それはそれであなたの思い出に残ること請け合いだ（ただし、それが「恐怖の思い出」となるかもしれないので、とくに小さなお子さんをお連れの保護者の方は、訪問前に熟考されたい）。

アンナカコバネハクチョウやイルカたちに出会うことができるか、それとも、メガロドンを遠望することになるか。

どうやら彼らの〝出現〟は「日による」らしいので、気になる人は、朝9時に更新される管理事務所のウェブサイトにある「今日の古生物」の情報をチェックしてから出かけると良いだろう。

カリビアンビーチを堪能するヘリコプリオンと三葉虫《さんようちゅう》

群馬県南部から栃木県南部、そして、茨城県中部へと至る北関東自動車道。群馬県サイドの起点である高崎ジャンクションからさほど離れていない伊勢崎《いせさき》インターチェンジは、関東平野の北端に近い位置にある。

伊勢崎インターチェンジで一般道へ、牧歌的な景色の残る県道73号を北上すること約10分。「桐生《きりゅう》市清掃センター　桐生市新里《にいさと》温水プール（カリビアンビーチ）」と書かれた看板のある交差点を左折する。ほどなく左前方に見えてくるのは、清掃センターの大きな煙突だ。その隣にある、大きな体育館のような施設が今回の目的地。

桐生市新里温水プールこと「カリビアンビーチ」である。清掃センターから出る余熱を利用した温水が特徴で、関東地方における最大級の屋内温水プールとして知られる。その名の通り、「カリブ」をテーマとした屋内施設で、ジャマイカのモンテゴ・ベイのコーンウォール・ビーチのシンボルとされるツリーバーを模した樹木や、ジャマイカのダンズ・リバー・フォールをモチーフとした階段状の滝などがある。もちろん、定番の流れるプールや、波のプール、ウォータースライダーなども充実している。「海なし県」の群馬にとって、貴重な〝水のレジャー施設〟だ。

そんなカリビアンビーチの「流れるプール」では、ふいに「プールから上がってください」の館内アナウンスが流れることがある。

アナウンスにしたがい、人々がプールの脇に上がって数分。全長１５０メートルのこのプールを、1匹の〝サメ〟が悠然と泳いでくる。

「ヘリコプリオン」だ。全長は3メートル。三角形の背鰭《せびれ》、鋭い吻部《ふんぶ》（口のあたり）、サメはサメでも、ギンザメに近い姿をしている。

館内アナウンスでは、無闇《むやみ》に怖がる必要がないことが繰り返し放送される。随所に係員も立ち、プールから離れた位置でその姿を見るようにアドバイスがなされる。

ヘリコプリオンは、独特の口がポイントだ。上顎《うわあご》には歯はなく、下顎の中軸部には、まるで電気のこぎりの〝円盤状ブレード〟のようにぐるりと歯が並んでいる。実は、顎の中では、この歯は螺旋《らせん》を描き、中心に近いほど歯は小さくなる。

係員は、ヘリコプリオンのこうした口の構造を説明すると、おもむろに茹《ゆ》でダコを1匹取り出して、ヘリコプリオンの泳ぐ先に放り込む。すると、ヘリコプリオンは口を大きく開けて、器用にタコをとらえる。このとき、運が良ければ、口の中を見ることができるかもしれない。

ヘリコプリオンは、プールを1周すると、すぅっと消えていく。

ヘリコプリオンが〝出現〟している間、ダンズ・リバー・フォールにも注目したい。ここは、「フォール（滝）」とはいえ、徒歩で登ることができる。途中にある浅い水たまりに注目すると、数匹の三葉虫――「シュードフィリップシア」が〝出現〟していることがある。

大きさ数センチメートル、流線型の姿をしたその三葉虫は、手にとることも可能だ。
三葉虫類は、3億年近い歴史をもつ〝長命のグループ〟。シュードフィリップシアは、その最末期を生きていた種類である。ぜひ、手にとって、この愛すべき動物たちが経験した栄枯盛衰に思いを馳《は》せてみてほしい。

北海道の章

エピソード4　北海道・沼田町　——石狩《いしかり》平野の北端で、ホタテとクジラを堪能する

北海道最大の面積を誇る「石狩平野」。

沼田町は、その北端に位置している。南部には石狩平野の水田と畑、そして牧場が広がる。中部から北部にかけては山地となり、海には面していない〝内陸の町〟である。

北海道外からの沼田町へのアクセスは、旭川空港経由がおすすめだ。旭川空港でレンタカーを借り、道道98号で湯内《ゆない》峠を越えて進めば、約1時間半で沼田町に到着する。電車の場合は、例えば道都・札幌からJR函館本線の特急で深川まで進み、JR留萌《るもい》本線に乗り換える。順調にいけば、こちらも札幌から約1時間半ほどだ。

勇壮なあんどん祭りの会場を練り歩くアシカ、サイ。そして……

基本的には長閑《のどか》なこの町は、1年に1度、8月の第4金曜・土曜に「勇壮」となる。

北海道三大あんどん祭りの一つ、「夜高《よたか》あんどん祭り」が開催されるのだ。

夜高あんどん祭りは、沼田町開拓の祖とされる沼田喜三郎《きさぶろう》の出身地、富山県小矢部《おやべ》市より

伝わったもの。道内唯一の「喧嘩《けんか》あんどん」として知られている。

和太鼓の音が響く中、「ヨイヤさあ」の掛け声とともに、高さ約7メートル、重さ約5トンという大型のあんどん10数基が町内を練り歩き、そして、ぶつかり合う。あんどんの灯りに照らされるその光景は、壮烈とさえいえる。道内外から町の人口を遥かに超える数万人の観光客が訪れる一大イベントである。

祭りを盛り上げる夜高節。軽やかな拍子木の音色とともに歌い上げられるそれは、豊年満作を願うものとして、祭りの見所の一つである。

近年、その拍子木の音色に惹《ひ》かれるように、アシカとサイが〝出現〟するようになった。リズムをとって歩くアシカの名前は、「ヌマタムカシアシカ」。薄暗くなってから出現し、灯りをやや避ける傾向があるため、その全身像はよくわかっていない。顔つきを見ると、「アシカ」とはいうものの、どうも「牙の短いセイウチ」のように見える。

サイは、喧嘩あんどんに興味があるのか、喧嘩の会場近くに現れることが多い。こちらは、サイとは言っても、シロサイなどにみられるツノはなく、全体的にスリムなからだつきだ。名を「アミノドン」という。

そして、こうした祭りの例に漏れず、多数の露店も並ぶ。

複数の露店で供される料理が、沼田町の名物である「タカハシホタテ」の網焼き。タカハ

シホタテは普通のホタテと比べると、左右の2枚の殻のうち、右殻がぐっと深く、身も大きい。実は、タカハシホタテも〝出現〟した古生物だ。

タカハシホタテの身自体は大味と評されることがあるけれども、小さなサイコロ状に細かくカットされ、特製の醤油だれとともに貝殻の中でグツグツと煮られたそれは、一度食べたら病みつきになること請け合いだ。バターを足したメニューもあるので、ぜひ、食べ比べてみてほしい。その〝魔力〟は、きっとあなたを離さない。「ヨイヤさあ」の掛け声とともに、あなたの脳に刻み込まれるはずである。

ホロピリ湖を泳ぐクジラたち

沼田町の古生物を楽しみたいなら、車の移動が良い。

喧嘩あんどんの会場となった沼田町市街地から道道1007号を北上する。すると、ほどなく右に山地が迫り始める。その後、名前のないT字路に突き当たったら右折して道道867号線を進む。景色は完全に山だ。道はくねり始め、傾斜がつき始める。沼田ダムの管理事務所を左に見ながら、道道867号線をさらに直進。すると、「ホロピリ湖」の小さな看板と小規模な駐車場が左にある。

このホロピリ湖が、今回の目的地。

北海道ではよく見られることとして、沼田町もかつて「炭鉱の街」として栄えていた。その炭鉱街を流れていた川を堰《せ》き止めた沼田ダムによってつくられた人造湖が、このホロピリ湖である。その周囲は17キロメートルにおよび、面積は2・77平方キロメートル。比喩対象に困る広さだけれども、あえて書くとしたら、サッカーコート約388個分に相当する。

……つまり、かなり広い。

駐車場に車を駐《と》めたら、展望台へ登ってみよう。少し勾配《こうばい》はあるものの、石の階段が整備され、沼田ダムのモニュメントといくつかのベンチが用意されている。

展望台から見る景色は絶景だ。

豊かな緑の中を北と西へ広がる湖面には、思わず「ほぅ」とため息が出てしまう。春の花見、夏の深緑、秋の紅葉と、雪でアクセスが困難となる冬をのぞけば、人造湖と自然の織り

なす絶妙な世界に浸ることができる。景色を赤く染める夕焼けの時間帯も見逃せない。

湖面をよく見ていると、イルカがジャンプする瞬間に出会えるだろう。

このイルカは、「ヌマタネズミイルカ」。全長2メートルくらいのイルカだ。

潮吹きをするヒゲクジラたちも見ることができるはず。ホロピリ湖には、全長10メートルぐらいの「ヌマタナガスクジラ」と、全長3メートルくらいの「ハーペトケタス」が泳いでいる。

展望台から西へと降りる小道を進めば、その先に桟橋もある。ここで小型のボートに乗れば、より間近でホエールウォッチングが可能だ。ライフジャケットを装着し、常駐のガイドとともに乗り込む。

ヌマタナガスクジラの迫力と、ハーペトケタスの小さなからだ。ともに堪能することができるだろう。ときには、ヌマタネズミイルカがボートと併走することも。

もちろん、ヌマタネズミイルカもヌマタナガスクジラもハーペトケタスも、古生物である。〝大出現〟によってホロピリ湖に現れた。その後、よほどこの湖が気に入ったのか、1年を通して〝定住〟しているようである。

エピソード5　北海道・中川町　――北の街で出会う恐竜とクビナガリュウたち

北海道の〝真ん中〟である旭川市から北へ。

例えば、道央自動車道で、その終点である士別剣淵《しべつけんぶち》インターチェンジまで進んで、一般道の国道40号に合流する。

ＪＲ宗谷《そうや》本線と併走するように国道40号をそのまま北上し、士別市、名寄《なよろ》市、美深《びふか》町と進めば、天塩《てしお》川が脇を流れるようになる。そして、道の両側に山の稜線がかなり近くなる。

そのまま北上すると、音威子府《おといねっぷ》村で国道40号は大きく西へと曲がり、天狗山や神居山などの山々の間を抜ける。その先で、国道40号と天塩川は再び大きく曲がり、北へ向く。

この北へと流れる天塩川と国道40号沿いにつくられた小さな町が、中川町だ。町の最北部で国道40号と天塩川は三たび向きを変えて、今度は日本海へと向かっていく。

エコミュージアムセンターのパラリテリジノサウルス

天塩川と国道40号が西から北へと変わった直後の道路脇に「中川町エコミュージアムセン

ター」の看板がある。この看板にしたがって40号から離れてすぐ、ちょっとした高台にある「緑の屋根の白い校舎」が今回の目的地。「中川町エコミュージアムセンター」だ。

エコミュージアムセンターは、閉校した中学校を利用してつくられた自然誌博物館。古くから「化石の街」として知られる中川町の、化石研究の中核施設と言って良い。2階建ての校舎だけではなく体育館も保存され、博物館施設に改装されている。

エコミュージアムセンターの南東には、かつての校庭が広がる。

この旧校庭に〝大出現〟以降、居ついている恐竜がいる。

その名前は、「パラリテリジノサウルス」。

身長は2・6メートルほどだろうか。エコミュージアムセンターの1階の天井とさほど変わらない高さのこの恐竜は、小さな頭とやや長い首、少しぽっちゃりした胴体に短い尾がある。2足歩行で、ゆっくりと旧校庭を歩き、ときに休んでいる。

目立つのは、手だ。指が長く、爪も長い。

その長い指と爪を器用に使い、旧校庭の周囲に生える樹々の枝をたぐり寄せ、そして、小さな口で葉をついばんでいる。

そのようすは、エコミュージアムセンターの2階からよく見える。

もちろん、旧校庭の樹々だけで、この恐竜の食欲を満たせるわけではなく、日によっては、

エコミュージアムセンターの裏の山へと入り、食事をしているらしい。その場合でも、夕方になれば、旧校庭へとやってきて、そこで眠りにつく。
エコミュージアムセンターの2階は宿泊施設になっており、パラリテリジノサウルスの1日をしっかりと観察できる1泊2日のパックが人気だ。パラリテリジノサウルスが裏山に行っている間は、エコミュージアムセンターの展示を見学するのも良いだろう。
旭川から車で約2時間半、電車の場合は、バスと乗り継いで約3時間。けっして、近いとはいえない。それでも、パラリテリジノサウルスと過ごしたいという人は少なくない。必ず、予約をしてから訪問されたい。

天塩川のクビナガリュウたち

中川町エコミュージアムセンターから再び国道40号に戻って北上を再開すると、ほどなく左右の平地が広がり始める。そのまま、5分と少し車を走らせれば、左に緑色の屋根がきれいな平屋の建物――「道の駅なかがわ」が見える。

道の駅なかがわの駐車場に車を駐めたら、すぐそばにある誉大橋《ほまれおおはし》へと足を向けよう。天塩川を渡るこの橋から川面を覗くと……運が良ければ、クビナガリュウを見ることができる。

雪解けなどで天塩川の水位がやや高めの時期に〝出現〟するクビナガリュウは、日本各地に〝出現〟しているクビナガリュウ類の中で最も大きく、その全長は11メートルに達する。大型の路線バスとほぼ同等の長さだ。小さな頭、長い首、樽《たる》を潰《つぶ》したような胴体に鰭となった四肢、短い尾。このクビナガリュウには、「ナクウ」の愛称が与えられている。

今のところ、ナクウは誉大橋の上流に〝出現〟し、ゆっくりと天塩川を下って、1キロメートルほど先で姿を消すことが多い。

ナクウとともに、大型のイカとイルカも見ることができるかもしれない。

イカは、「エゾダイオウイカ」。全長5メートルを超え、その長い腕を揺らしながら、こちらも悠然と天塩川を下ることが多い。

イルカは、「ニシノネズミイルカ」。その名前が示すように、ネズミイルカの仲間である。こちらは全長2メートルほどで、天塩川を縦横無尽に泳ぎまわっている。川面からジャンプ

することもある。

この3種が揃《そろ》って〝出現〟することもあれば、ナクウとニシノネズミイルカ、あるいは、エゾダイオウイカとニシノネズミイルカという2種の組み合わせに限られることも。天塩川の水位が低いときにはニシノネズミイルカだけ、あるいは、ニシノネズミイルカにさえも出会えないこともある。天塩川の水位が〝出現〟を左右するとされているので、訪問の際には、国土交通省や道の駅なかがわ、あるいは、中川町エコミュージアムセンターなどのウェブサイトで事前の確認をしておくことをお勧めする。

そして、道の駅なかがわで、天塩川名物の料理を堪能することを忘れずに。

筆者のおすすめは、「ナカガワニシン」の定食。ナカガワニシンは、紡錘《ぼうすい》形に近く、ふっくらとしたからだ――まさにニシンのような姿の古生物だ。その料理が何になるかは日によって変わるようだが、ふっくらと炊かれたナカガワニシンの煮物は、とくにおすすめとしておきたい。副菜として添えられるアンモナイトの酢漬け、「ナカガワイチョウガニ」の味噌汁にも思わず舌鼓《したつづみ》を打ってしまう。ちなみに、アンモナイトの酢漬けに使われているアンモナイト類は、「テシオイテス」という名前だ。ヒトの拳《こぶし》サイズのアンモナイトで、殻の表面に「肋《ろく》」と呼ばれる凸構造が発達している。もちろん、酢漬けに使われるのはテシオイテスの軟体部。特徴的な殻の形は、料理を見ただけではわからない。でも、「殻が見たい」と店員に頼めば、見せてくれるはず。

ナカガワニシンも、ナカガワイチョウガニも、もちろん、テシオイテスも〝大出現〟以降に現れるようになった古生物。中川町内の天塩川に生息している。ただし、天塩川でこうした古生物を個人で捕獲することは禁じられているので、そこは注意されたい。

町の公共温泉に海底群集

誉大橋を渡り、T字路を右へ。ほどなく左に宗谷本線の踏切が見えるので、左折してその踏切を渡ると、6階建ての円筒形の建物が見えてくる。

中川町の公共温泉施設、「ポンピラ・アクア・リズイング」だ。円筒形の構造部は、この公共温泉の客室部。連結する2階建ての建物の中に、天然温泉の大浴場がある。

ポンピラ・アクア・リズイングの天然温泉は、ナトリウム・カルシウム塩化物泉を泉質とし、リューマチや神経痛、創傷などに効能があるとされる。タイル張りの浴場には、内湯が大小一つずつ、薬湯が一つ、水風呂とサウナも一つずつある。内湯は、15人くらいが入れそうな大きさとなっている。天井はあまり高くないけれども窓が大きいために圧迫感はほとんどなく、むしろ日中は太陽光がよく入ってきて開放感がある。

宿泊客はもちろん、日帰りでも入浴可能で、フロントではバスタオルの有料レンタルもあり、ふらっと立ち寄って旅の疲れを落とすのにちょうど良い。休憩室も大小2部屋ある。地元の人々にも人気の施設だ。

そんな憩いの施設が、〝大出現〟以降、新たな注目を集めることになった。

大人4人ほどで満員になる小さな内湯に、チューブワームや二枚貝、巻貝類、腕足類《わんそく》、甲殻類《こうかく》が出現し、温泉の給水口のあたりに群がるようになったのだ。

チューブワームは、文字通り「チューブ」状の生き物だ。二枚貝類は、楕円形《だえん》の殻をもつカサガイの仲間や、楕円形とまではいかなくても、細長くて丸みを帯びた殻のキヌタレガイの仲間など。

内湯の中をよく見ると、温泉の給水口の下にチューブワーム。そのチューブワームにカサ

ガイの仲間が付着し、少し離れた場所にキヌタレガイの仲間がいる。

　この光景は、本来であれば、「海底の光景」のはず。メタンが海底から湧き出る場所に、そのメタンを目当てに群がる生き物たち。「化学合成群集」と呼ばれる。

　ポンピラ・アクア・リズイングに〝出現〟した化学合成群集は、当初は理由はわからず、なんとなく衛生上に不安がありそうだとして、除去されていた。しかし〝出現〟を繰り返し、何度でも小さな内湯を〝海底化〟していく。

　不思議に思った職員が、中川町エコミュージアムセンターの専門家に相談したところ、その専門家の紹介でやってきた大学の研究者が、この化学合成群集が白亜《はくあ》紀《き》のものであることを突き止めた。

つまり、町の観光の目玉ともいえるパラリテリジノサウルスやナクウと同じ時代に起源をもつ、〝出現〟した古生物だったのだ。

そのとき以来、ポンピラ・アクア・リズイングでは除去をやめ、小さな内湯を入浴禁止としている。その結果、ポンピラ・アクア・リズイングは、世界でも珍しい化学合成群集を見ながら入浴できる施設として知られるようになった。なお、男湯、女湯の双方に〝出現〟しているので、安心されたし。

エピソード6　北海道・三笠《みかさ》市　――アンモナイト王国とレストラン

北海道は、日本トップクラスの「化石王国」だ。

化石を観光の目玉に据《す》えた自治体がいくつも存在する。その中でも、「アンモナイトの街」として国内外にその名を轟《とどろ》かすのが、三笠市である。

三笠市へのアクセスは、道都札幌から道央自動車道経由がおすすめ。札幌インターチェンジで道央自動車道に乗り、30分ほど走って三笠インターチェンジで一般道に戻る。三笠インターチェンジは市の西端に近くに位置しており、三笠市を訪問する際は、ここから東へと進んでいく。

南北から山が迫ってくる中を、幾春別《いくしゅんべつ》川と並走するように東へ東へ。

小規模な市街地を抜け、「アンモナイトの博物館」として知られる三笠市立博物館の脇を通過して、左右にうねる道を進んでいく。途中のトンネルの名前にも「白亜」の文字が使われており、恐竜時代へ思いを馳せるのにふさわしい道といえるだろう。実際、この先で出会う古生物は、本来であれば、いずれも白亜紀の動物である。

桂沢湖《かつらざわ》のアンモナイトとモササウルス類、そして水鳥

三笠インターチェンジから20分ほど進めば、三笠市における〝一大出現地〟の「桂沢湖」に到着だ。

桂沢湖は、幾春別川をダムで堰き止めてつくられた人造湖である。堤高63・6メートルのダムの向こうには、水深30メートル前後、周囲62キロメートルという大きな湖が広がっている。

このダムのほとりに、桂沢湖古生物広場が整備されている。広い駐車場とキャンプ場、観察館と潜水艇《せんすいてい》乗り場などがあるこの広場が、目的地だ。

おすすめは、やっぱり潜水艇だ。

20人乗りのこの潜水艇は、分厚いアクリル越しに水中のようすを見ることができる。桟橋《さんばし》を出てしばらくすると、湖に沈んだ山の斜面に沿うように潜水艇は潜り始める。ほどなく見えてくるのは、多様なアンモナイト群。

アナウンスにしたがって湖底を見ると、まず、最初に目に入るのは、おそらく「パキデスモセラス」だろう。長径約1・3メートル。圧倒的な巨体で、遠くからでもその姿をみつけることができるのにちがいない。全体的にツルッとしているけれども、螺旋の中心付近には、

弱い肋（凸構造）が並んでいる。
次に出会うのは、「シャーペイセラス」かもしれない。長径数十センチメートルほどで、やや角ばった殻が螺旋を描いている。パキデスモセラスとは違って、肋が発達し、その肋の上に突起が並ぶ。やたらとゴツゴツした感のあるアンモナイトで、存在感がある。
そうしたアンモナイト群の中で、ぜひとも探してほしいのは、「ニッポニテス」。この名前は「日本の石」を意味しており、その名の通り日本を代表し、そして、日本古生物学会のシンボルマークにもなっている。
ニッポニテスを探す際には、パキデスモセラスやシャーペイセラスのような〝螺旋を描いているアンモナイト〟を思い浮かべると、きっとみつからない。

ニッポニテスの殻は螺旋を描いていないのだ。細い肋の並ぶチューブ状の殻がアルファベットの「U」字に近いターンを繰り返しながら、捻《ねじ》れを繰り返して野球のボールの縫い目のように立体的にまとまっている。大きさ自体は、ヒトの大人の拳サイズのものが多い。

ニッポニテスは、けっしてレアなアンモナイトではない。一度みつけてしまえば、海底付近でゆっくりと泳ぐニッポニテスをいくつも見ることができるだろう。なお、ニッポニテスのように「平面的な螺旋を描いていないアンモナイト」のことは、「異常巻きアンモナイト」と呼ばれる。この場合の「異常」とは、進化の袋小路的な異常とか、病的な異常を指していない。あくまでも、「平面的な螺旋を描いていない」という形を指してのものだ。

桂沢湖には、ニッポニテス以外の異常巻きアンモナイトもたくさん泳いでいる。潜水艇乗船の際に有料で貸し出される電子図鑑を見ながら、一つ一つ探していくと良いかもしれない。

湖底付近ばかりを見ていると、遠くを泳ぐ「エゾミカサリュウ」を見逃してしまうので注意が必要だ。

エゾミカサリュウは、簡単に言えば「泳ぐオオトカゲ」だ。全長は数メートルに達し、口先は鋭く尖《とが》り、よく見ると頭部に低い突起がある。四肢は鰭となり、尾の先には三日月形の尾鰭がある。こちらは、「モササウルス類」と呼ばれる水棲の爬虫《はちゅう》類だ。

エゾミカサリュウは肉食性で、その見た目は十分恐ろしい。でも、エゾミカサリュウが潜水艇の至近に寄ってきたことはないとのことだし、仮に体当たりをされても、潜水艇にはまったく問題ないとのことなので、安心してその姿を観察するのが良いだろう。

さて、潜水艇の旅を終えたあと、そのまま桂沢湖古生物広場を離れるとちょっともったいない。実は、湖面にいる鳥も古生物。細い口先、やや長い首、そして、極小の翼をもつこの鳥類の名前を「チュプカオルニス」という。いわゆる「飛べない鳥」だ。ただし、その代わりに、よく潜る。潜水艇の潜航深度が浅いときは、隣を泳ぐチュプカオルニスを見ることができるかもしれない。

チュプカオルニスは、「ヘスペロルニス類」と呼ばれる絶滅鳥類だ。このグループは、北アメリカ大陸でよく知られている。日本はもちろん、太平洋の西岸地域でヘスペロルニス類を見ることができるのは、とても珍しい。

市民のレストランで、巨大な牡蠣《かき》を

あなたが三笠市を訪問している日が、土日や祝日、あるいは、学校の春・夏・冬休み期間なら、昼食はぜひとも「三笠レストラン」で。

桂沢湖で古生物を堪能したら、市街地まで戻って来よう。道はほぼ1本道なので、迷うことはないはず。幾春別川に注ぐ小さな支流を渡ってすぐの場所が目的地。四角錐の帽子をかぶったような小さな塔が目印の平屋の建物がある。そこが、「三笠レストラン」だ。

三笠レストランは、調理や製菓を学ぶ三笠市民によって運営されている。本業は別にある市民がほとんどであるため、営業日が限られている。

このレストランには、調理班が運営するレストランの「心のきっちん」と、製菓部が運営する「ムスカ」、特産品やパンなど販売する「ラトリエ・デ・ソー」などがある。今回は、「心のきっちん」で食事をしよう。

おすすめは、「びっくり生牡蠣」だ。

注文すると、提供されるのは、長さ1メートルはあろうかという巨大な牡蠣。幅は10センチメートルに満たないのに、やたらと長い。

さぞや食い応えがあろうかと、長い殻の蓋《ふた》を開けると……、身が入っているのは、殻の端の部分だけ。その大きさは、〝普通の牡蠣〟とさほど変わらない。

大きさにびっくり、身のサイズにびっくりだ。

この牡蠣は、三笠市内のある泥のたまった川底に〝出現〟するようになった古生物。もともとは、白亜紀の牡蠣である。水底にたまり続けるやわらかい泥に埋まらぬように、上へ上へと成長して、こんなびっくりサイズになったらしい。長い殻が棍棒《こんぼう》のように見えるので、その名を「コンボウガキ」という。

身にレモンを垂らし、フォークでつまめば、普通に牡蠣として堪能できるし、「びっくりした後」に店員に依頼すれば、牡蠣フライに調理しなおしてくれる。どちらもおすすめだ。ちなみに、値段は「びっくり価格」ではないので、安心して良い。

なお、このレストランでは、他にも古生物メニューがいくつか提供されている。どんなメニューがあるかは、ぜひ、ご自身の眼で確認されたし。

博物館の裏の〝メタセコイアの道〟を歩く

三笠レストランのある市の中心部から、再び東へ向かうこと10分弱。

三笠市立博物館はそこにある。

三笠市立博物館は、「アンモナイトの博物館」として国内外に知られており、もちろん、古生物好きならば、訪問マストな博物館だ。

しかし、今回の訪問目的地は、その博物館（だけ）じゃない。

車を博物館前の駐車場に置いたら、博物館裏の小さな橋を渡って、「野外博物館」と題された幾春別川沿いの遊歩道を歩いていこう。

この遊歩道は、旧幾春別炭鉱錦立坑《にしきたてこう》にアクセスできたり、垂直に立った地層を見学できたりするなど、まさしく「地質の博物館」となっている。

そして〝大出現〟以降、この遊歩道の山側の森林が変わった。橋から東へ約７００メートルにわたって、メタセコイアが繁るようになったのだ。

メタセコイアは、円錐形の樹形をもち、樹高は約15メートルに達する杉の仲間だ。明るい緑色の葉が心地よさを誘う。いわゆる「生きている化石」の一つで、古くは中生代白亜紀からの歴史があり、新生代に入ってからしばらくの間、アメリカ大陸やアジアで繁茂した。その後、化石しか知られなくなったため、絶滅したとみられていた。

しかし、20世紀の半ばに中国の四川省で生きたメタセコイアが発見され、その後、世界各地に植えられるようになり、増やされてきた。日本のメタセコイアは、アメリカから送られてきた苗木がもとになっているとされている。

こうした背景のもと、博物館前にもメタセコイアは植樹されていた。しかし、〝大出現〟

を契機に、植樹もしていないのに、メタセコイアが突如として増え始めた。なんとも不思議な現象だけれども、専門家は新たに増えたメタセコイアは、アメリカ由来の現生種ではなく、〝出現〟した古生物ではないか、と指摘している。

そんなメタセコイアの森を右に見ながら歩いていくと、10分ほどで「ひとまたぎ5000万年」の文字とポップなイラストに出会う。

この文字の向こう側（上流側）には、約1億年前（白亜紀）の地層があり、手前側（下流側）には約5000万年前（新生代古第三紀始新世《ししんせい》）の地層がある。この5000万年にわたる時間の間隙は、「不整合」と呼ばれている地層の重なりだ。

そして、〝大出現〟以降、「ひとまたぎ5000万年」の向こう側の遊歩道は、深い霧に覆われるようになった。霧の内部の状態がまったくわからないので、三笠市はこれより先に遊歩道を進むことを禁じている。これまた専門家によると、遊歩道脇にメタセコイアが増えた理由は、この霧が関係しているのではないか、ともされている。

霧の手前まで行く分には、今のところ危険はない。実際、筆者も行ってきた。三笠レストランで食事したあとの散歩にちょうど良い距離だ。幾春別川とメタセコイアを見ながら歩く往復1・5キロメートルほどの道筋。おすすめだ。

石炭博物館で、鎧竜《よろい》に出会う

三笠市立博物館から桂沢湖方面へ。桂沢湖古生物広場も越えて先に進むと、芦別《あしべつ》市から南下してきた国道452号に合流する。

そのまま、国道452号で南へ進めば、斜度も角度も増してくる。やがて三夕トンネルを越えれば、そこは夕張《ゆうばり》市。今度は、山道を下っていく。ほどなく左側に夕張川が見え始め、川幅はしだいに広がって、やがてシューパロ湖となる。夏の昼下がりには、絶好のドライブコースといえるだろう。牧場の広がる平野とはまたちがった〝北海道らしい景色〟を味わうことができるはず。

やがて国道452号は西を向き、湖から離れて夕張市の市街地へと入っていく。廃線となった鉄道を越えたら右折して、道道38号を北へ進めば、再び道の両側に山が迫るようになる。右折してから10分ほど。三笠市立博物館からは1時間ほど。

恐竜に出会うことができる「夕張市石炭博物館」に到着だ。

夕張市もまた、かつての炭鉱街だ。昭和の時代には山の斜面に炭鉱住宅が広がり、その夜景は「100万トンの夜景」とも言われた。炭鉱の繁栄は今や昔となってしまったが、その歴史をしっかりと味わい、そして炭鉱を学ぶことができるのが、夕張市石炭博物館である。

博物館は、地上2階建ての展示室と、地下1階の展示室、模擬《もぎ》坑道で構成されている。こ

のうち、模擬坑道は非公開。

恐竜が〝出現〟するのは、地下1階の展示室だ。立坑ケージを意識してつくられたエレベーターを降りたその先には、坑道と採掘のようすが再現されている。とくに、働く人々を再現したマネキンは一見の価値がある。仮に人と入れ替わっていて、いきなり動き出したとしてもなんら違和感はない。

そんな展示室に、全長4メートルほどの鎧竜が居ついている。

四足をついて歩く植物食恐竜で、吻部が細長く伸びている。背中に並ぶ骨片《こっぺん》が鎧のようにその身を守る。四肢《しし》は短いため、重心が低い。

鎧竜類といえば、アメリカのアンキロサウルスが有名だけれども、地下展示室に居ついた鎧竜類はアンキロサウルスとは多くの点が異なっている。最たるちがいは、尾の先だ。アンキロサウルスの尾の先には棍棒《こんぼう》のようにふくらんだ骨の塊があるが、地下展示室の鎧竜類にはそれがない。この特徴をもつ鎧竜は、「ノドサウルス類」と呼ばれるグループに分類されている。

尾の先に棍棒がないためか、あまり恐怖感がない。実際、係員が同行していれば、ノドサウルス類にタッチすることも可能だ。炭鉱の歴史と鎧竜。あなたの思い出にしっかりと残ることだろう。

エピソード7　札幌市とその近郊

――カイギュウが泳ぎ、マンモスが歩く

道都札幌。北海道の中央西部に位置し、人口２００万人を擁する巨大都市だ。言わずと知れた北海道経済の中枢でもある。市は、石狩平野の南域と、日本海と太平洋をつなぐ石狩低地帯の北域に位置している。市街地の中心は碁盤の目のように整えられている一方で、市全体としては街並みが複雑となり、主要道路が微妙に交錯する。市の南西部には山々が連なる。そして、その山々から市の中心部に向かって豊平《とよひら》川が流れていて、市街地はこの川が形成した扇状地の上にある。かつての札幌農学校の時計台、整備された都市ならではの大通《おおどおり》公園、北海道大学構内のポプラ並木、全国有数の歓楽街であるすすきの、食では海の幸をはじめ、各種の肉料理、札幌らーめん……と語るべきことの多い都市だ。

札幌湖を泳ぐセミクジラとカイギュウ

トンネルを抜けると、そこはセミクジラの泳ぐ人造湖だった……。

そんな経験を味わうことができるのは、札幌市の南西にある「さっぽろ湖」だ。

ＪＲ札幌駅でレンタカーを借りよう。

市街地を南進し、国道２３０号に入る。豊平川に沿うようにそのまま進めば、１時間ほどで〝札幌市民の憩いの地〟――定山渓《じょうざんけい》温泉に到着する。四方を山に囲まれたこの温泉街は、四季折々の景色を楽しむことができる湯処だ。もちろん、市民のみならず、道内外の観光客にも〝癒《いや》しの街〟として親しまれている。

そんな定山渓温泉の中心部に近い「定山渓温泉東２」の交差点で右折して道道１号線に入る。定山渓大橋を渡り、そのまま道道１号線を北西へ。しだいに標高が高くなっていく。道なりに進めば、定山渓大橋から10分もかからずに、白井トンネルだ。そして、白井トンネルを抜けると、すぐに神威《かむい》トンネルがある。

神威トンネルに入ったら心構えをしよう。

トンネルを抜ければ、そこは定山渓ダムの上だ。ダムの堤《つつみ》の上が、片側１車線の道道となっている。右に渓谷、左にダム湖が広がる。

このダム湖が、「さっぽろ湖」。

再びトンネルに入り、そして、出てすぐ左にある「Ｐ　展望台入口」の標識を見逃さないように。

ここ、「さっぽろ湖第１展望台」は、さっぽろ湖に〝出現〟したセミクジラを見ることができる絶好のビューポイントになっている。

左奥に先ほど上を通ったばかりの定山渓ダムの堤、正面に広がる山々、右へと続くさっぽろ湖。そんな景色の中を、噴気を上げながら、ずんぐりとしたからだで、10メートルを超える巨体をもつセミクジラが悠然と泳いでいる。

さっぽろ湖には、第1から第4まで合計4か所の展望台がある。その中で、この第1展望台がセミクジラ観察に最も適している。〝出現〟さえしていれば、さほど苦労しなくても、その姿をとらえることができるはずだ。

セミクジラを堪能したら、もう少し北上を続けよう。次のおすすめは、「さっぽろ湖第4展望台」。ここで注意が必要なのは、第1から第4まで合計4か所の展望台を示す標識は、いずれも「P　展望台入口」とあり、「第○」と明記されているわけではないという点だ。「第2、第3……」と標識を数えながら進んでいくといいかもしれない。

第4展望台では駐車場から湖まで遊歩道がつくられている。

その遊歩道の先、やや水深の浅い場所に、「サッポロカイギュウ」が〝出現〟しているときがある。

サッポロカイギュウは全長7メートルを超える大型のカイギュウだ。

カイギュウといえば、水族館でも飼育されているジュゴンやマナティーが有名。寸詰《すんづ》まり

の愛らしい顔つきに、ぽっちゃりとした胴体がトレードマーク。しかし、ジュゴンやマナティーの大きさは、全長4メートルを超えない。サッポロカイギュウは、圧倒的に大きなカイギュウなのだ。7メートルといえば、典型的な学校の教室の横幅に匹敵するサイズである。黒板の前に、窓際から廊下側のドアまで横たわるカイギュウを想像してみてほしい。

実は歴史上、他にも「大きなカイギュウ」がいなかったわけではない。よく知られるのは、84ページでも紹介する「ステラーカイギュウ」だろう。サッポロカイギュウは、そうした「大型カイギュウの仲間」の中で、最も古い存在とされている。

さっぽろ湖に〝出現〟したセミクジラとサッポロカイギュウ。どちらも今まさに研究が進められているところだけれども、少なくともサッポロカイギュウはどうやら寒さに強いようだ。そのため、真夏をのぞく多くの季節で、さっぽろ湖で見ることができる。

石狩川にも大型カイギュウ

石狩川にもカイギュウがいる！

いつの頃からか、そんな目撃情報がメディアに届くようになっている。札幌のカイギュウといえば、さっぽろ湖に〝出現〟した「サッポロカイギュウ」がよく知られているが、石狩川にいるカイギュウは、サッポロカイギュウではないようだ。

そもそも石狩川は、札幌から北東に遠く離れた石狩岳に源があり、各所で支流と合流して石狩平野に入る一級河川だ。石狩平野でも雨竜《うりゅう》川、空知《そらち》川、幾春別川、夕張川、千歳《ちとせ》川などの支川と合流し、札幌市内で豊平川とあわさって、石狩湾で日本海に注ぐ。

カイギュウが確認できるようになったのは、こうした支流の一つ、千歳川との合流地点のあたり。ＪＲ江別《えべつ》駅の北あたりの流域で目撃されることが多い。

このあたりで川面を見るためには、橋を使うことが手っ取り早い。江別駅から北西に2キロメートルほど向かって歩いた場所にかかる石狩大橋、あるいは、北東に3キロメートルほど進んだ美原《みはら》大橋が良いだろう。美原大橋までは距離があるけれども、歩道はこちらの方が

しっかりとしている。残念ながら、本書執筆時点では、まだ駐車場は整備されていないので、徒歩あるいは近くまでタクシーで移動するしか方法がない。交通の邪魔になるし、危険なので、橋やその周囲に違法駐車をしないように。

石狩川に現れるカイギュウもまた大きい。この川では、幼獣から成獣までさまざまな世代のカイギュウがいて、比較的若い個体でもある。全長は、サッポロカイギュウと同等の7メートル級である。

このカイギュウは、どうやら「ステラーカイギュウ」であるらしい。

ステラーカイギュウは、18世紀までベーリング海で群れをなして生きていた。しかし、1741年にロシアの探検船によって発見されると、人々に狩り尽くされ、発見から27年で絶滅している。

絶滅の原因となったのは、〝人懐《なつ》っこい生態〟だったとされている。人間に嫌なことをされても、いったんは沖合に遠ざかるものの、ほどなく戻ってくるという。そして、鈍重で狩りやすく、大型ゆえに食いでもあったため、食糧としても好まれたそうだ。石狩川で確認されているステラーカイギュウは、この絶滅を生き抜いた〝生き残り〟ではなく、あくまでも〝出現した古生物〟であるとみられている。なにしろ〝大出現〟前まで、石狩川で確認されたことはないのだ。そして、その〝人懐っこい生態〟のままで、橋の上に人の姿が見えると寄ってくる。自治体と研究者は、今度は滅ぼすまいと、観光と保護の両面から検討を重ねているという。

野球場にケナガマンモスとナウマンゾウ

ＪＲ札幌駅から新千歳空港方面へ普通電車で約25分。なだらかな丘陵が広がる北広島市に到達する。

ＪＲ北広島駅で下車をして駅前からシャトルバスに乗る。目的地は北海道日本ハムファイターズの本拠地、「HOKKAIDO BALLPARK F VILLAGE」だ。緑に囲まれた約32ヘクタールという広大な敷地に、野球場や庭園、ボール遊びのできる広場や遊具の揃った公園やアスレチックなどが整備されている。

HOKKAIDO BALLPARK F VILLAGEは、2023年春に完成した新施設。その新施設に〝大出現〟以降、名物が加わっている。

その名物とは、敷地内に〝出現〟し、歩き回ったのち、〝消えて〟いく「ケナガマンモス」と「ナウマンゾウ」だ。どちらも幼獣をともなう小規模な群れで現れる。

ケナガマンモスの〝出現〟が確認されているのは、今のところ、日本で北海道だけだ。肩の高さは3メートル前後。「マンモス」の名前をもつゾウの仲間（長鼻類）は他にも存在し、その化石は世界各地でみつかっている。日本でも例えば、千葉県に出現する「ムカシマンモス」などがいる（20ページ）。そうした「マンモスの仲間」の中でも、ケナガマンモスはおそらく最も有名だろう。長い毛で全身を覆い、大きな弧を描く長い牙をもつ。およそ、日本で「マンモス」といえば、ケナガマンモスを指すことが多い。ちなみに、日本語の呼び名として「ケナガマンモス」の他に、「ケマンモス」もある。

ナウマンゾウは、ケナガマンモスよりも一回り小さな長鼻類。額から側面にかけて小さな出っ張りがあり、ベレー帽をかぶっているように見える。その化石は日本各地から発見されており、現在では「最も多くの〝出現〟が確認されている古生物」といえるかもしれない。

北広島市のナウマンゾウには他地域のナウマンゾウにない特徴があり、ケナガマンモスほどの長さではないにしろ、全身が毛で覆われている。

HOKKAIDO BALLPARK F VILLAGEでは、晩秋から早春にかけての寒さの厳しい季節にはケナガマンモスの〝出現〟が多く、夏を中心とした暖かい季節にはナウマンゾウが〝出現〟することが多い。

そして、まだ厳密な条件は解明されていないものの、季節の変わり目には、ケナガマンモスとナウマンゾウがともに現れることがあるようだ。ケナガマンモスとナウマンゾウが〝共出現〟する場所は、世界的にも珍しいとされている。

ケナガマンモスとナウマンゾウは、ときに野球の試合中に出現することもある。もちろん、そんなときは試合は中断だ。ファイターズの名物ともいえる「きつねダンス」とあわせてリズムをとることもあるという。

実は、この球場内には温泉とサウナがある。そして、温浴やサウナを利用しながら、野球を見ることができるという趣向になっている。フィールドを一望するホテルもある。野球もケナガマンモスもナウマンゾウもゆっくり見たいという人におすすめだ。ただし、温泉もサウナも、もちろんホテルも、いずれも予約が必要。しかも、ケナガマンモスやナウマンゾウの〝出現〟は毎日のことではなく、〝出現〟しても球場内とは限らないということは覚悟しておくこと。かなり運要素が強くなるけれど、あなたが強運の持ち主ならば、温泉やサウナを利用しながら、あるいは、ホテルの自室からケナガマンモスやナウマンゾウを見ることもできるかもしれない。

エピソード8　北海道・むかわ町　――恐竜とクビナガリュウとモササウルスと……

むかわ町は、北海道の〝海の玄関口〟の一つである苫小牧港《とまこまいこう》の東に位置している。南は太平洋に面し、一級河川の鵡川《むかわ》に沿うように北東へと50キロメートル以上も広がり、太平洋沿岸の一部をのぞく三方が山に囲まれている。

そんなむかわ町は、太平洋沿いの「鵡川」と、山間部の「穂別《ほべつ》」の2つの地区に分けることができる。

進化の道を歩くカムイサウルス

まずは、穂別地区へ向かうとしたい。アクセスの基本は、車だ。

苫小牧港にフェリーで乗り付けた場合は、JRの室蘭《むろらん》本線に沿うように北東へと進み、その後、国道235号線で南東へ。鵡川を渡った先で道道74号線に入り、鵡川を沿うように北上する。

北海道の〝空の玄関口〟である新千歳空港も遠くはない。空港でレンタカーを借りたら、国道36号線を南下。交差点「美沢」を左折して、道道10号線を進み、同じく厚真《あつま》町内で道道59号線へと入る。

苫小牧港からも、新千歳空港からも、この「道道59号線」のアクセスが便利。途中、むかわ町の西に連なる山を越えることになるものの、越えた先には鵡川が流れ、町の地理的中心地に近い位置に出ることができる。

穂別地区に向かう場合は、鵡川を渡って左折。鵡川に沿うように山間部を北上していく。すると、対岸がやや開けて、赤茶色の屋根が美しい街並みが見えてくる。穂別の中心街だ。再び橋を渡り、街へと進もう。「↑博物館」の標識にしたがって、「穂別博物館」へ。その駐車場へ車を駐める。

まずは、博物館を訪ねよう。受付にあるディスプレイで、「本日のカムイサウルス」をチェックする。

カムイサウルスは全長8メートルに達する大きな植物食恐竜で、尾をピンとのばし、四足をついて歩く。見た目は、どちらかといえば、地味かもしれない。いわゆる「角《つの》竜類」のように「ツノ」や「フリル」があるわけではなく、背中も「鎧竜類」のように骨片が並んでいるわけではない。首も恐竜としては〝標準〟だ。顔つきは、どことなく「カモ」に似ていて、目立つ特徴を敢《あ》えて探しても、頭部には小さなトサカがある程度。

でも、実は、日本を代表する古生物の一つ。なにしろ、その化石は全身の8割が保存されている。大型動物の化石は極めて保存されにくいことを考えると、「異様」とさえいえる保存率である。日本産恐竜化石として群を抜く良質な標本なのだ。そんな「化石」と〝出現した古生物〟を照らし合わせて研究できる貴重なエリアとして、穂別には国内外から多くの研究者が訪れている。

そんなカムイサウルスが、穂別の街中に〝出現〟する。ただし、その時間はマチマチなので、訪ねたときに〝出現〟していなかったり、その兆候である〝霧〟も発生していなかったりする。そんなときは、博物館でカムイサウルスの化石などを先に見学しても良いかもしれない。

運が良ければ、〝出現〟のはじまりから、カムイサウルスを追うこともできるだろう。博物館の「本日のカムイサウルス」モニターで、鳥居の先に〝霧〟の発生を確認したら、博物館から徒歩5分強の位置にある穂別神社へと向かうと良い。穂別博物館の前の道を道なりに進み（駐車場まで車で来た道を戻ることになる）、本念寺のある交差点を右折してすぐの位置にあるのが、モニターに映っていた穂別神社の鳥居だ。

鳥居の向こうに出現したカムイサウルスは、境内で少し休んだのちに、そのまま南東へと道を進んで穂別の街のメインストリートを歩くことが常だ。目当ては、このメインストリー

博 物 館
道 民 の 森

トに植えられたメタセコイアの並木らしい。その葉をついばみながら、ゆっくりと数百メートルを歩き、満足すると引き返して、鳥居の向こうの〝霧〟へと消えていく。多いときには1日に数回も〝出現〟するというから、よほどあなたの運が悪くない限り、カムイサウルスに出会うことができるはず。ちなみに、このメインストリートは「進化の道」と呼ばれ、アンモナイトやクビナガリュウのオブジェが街路灯の上にある。

カムイサウルスは大人しい恐竜で、一緒に歩いても、食事中に写真を撮っても、怒ることはない。ただし、「9メートル」もの大きさなので、誤って踏まれないように注意されたし。もちろん、町の人々に迷惑をかけないようにすることは、大前提だ。

穂別ダムでホベツアラキリュウを

穂別博物館を訪ねたのであれば、「ホベツアラキリュウ」の全身復元骨格の展示も見たはずだ。ホベツアラキリュウは、小さな頭、長い首、樽を潰したような胴体、鰭となった四肢、短い尾を特徴とする「クビナガリュウ類」の一つ。その名は、穂別で化石がみつかったこと、その発見者の名前が「荒木新太郎」だったことにちなむ。全長は約8メートル。

次は、〝生きたホベツアラキリュウ〟に会いに行こう。

穂別博物館の駐車場で車に乗り、本念寺とは逆方向へ。道なりに少し進めば、コンビニと

信号のある交差点に出る。その交差点を直進し、道道74号に入って北上する。山の裾野《すその》がしばしば直近まで迫り、また、蛇行《だこう》する穂別川（鵡川の支流）を右や左に見ながら進んでいくことになる。

20分ほどで国道274号のT字路に到着するので、そのT字路を右へ。今度は、国道274号を北上していく。ものの数分で右の景色が開けるようになり、「穂別ダム」へ到着する。ホベツアラキリュウが〝出現〟する湖だ。

穂別ダムは南北に長い農業用水のダムである。水深は14メートル強。国道274号で北上してきたら、「気がついたら隣にダム湖がある」という状況で、ダムの堤などを見ることは難しい。

焦《あせ》らずに、そのままダム脇の「長和トンネル」へと入る。このトンネルを抜けると、全長

506メートルの「穂別大橋」を渡ることになる。

穂別大橋は、ダム湖を横断する形でつくられている。橋を渡り終えた左側に小規模ながら駐車場があるので、車はそこへ。他の車に気をつけて国道を渡り、歩いて穂別大橋を戻る。穂別大橋には南側にだけ歩道がある。この穂別大橋の歩道こそが、ビューポイント。幸い、ホベツアラキリュウが好むのも、穂別大橋の南側の水域だ。

橋から身を乗り出しすぎて、ダム湖に落ちないように注意して。南には穂別ダムの堤とその先に広がる青い空。そして、細長いダムを囲む山々といった景色の中を悠然と泳ぐホベツアラキリュウがあなたを待っている。

富内駅のアノマロケリス

およそ古生物に興味がある人ならば、「アノマロカリス」の名前を聞いたことがあるかもしれない。今から5億年以上前のカンブリア紀の海に生きていた、大きな〝触手《しょくしゅ》〟と大きな眼をもつ、〝生命史上最初のトッププレデター〟だ。

そんな「アノマロカリス」と一文字違いの動物が、むかわ町に〝出現〟する。

その動物の名前は、「アノマロケリス」。「カ」ではなく、「ケ」。「カリス」は、ラテン語で「エビ」を意味することに対し、「ケリス」は「カメ」を意味している。

そう、アノマロケリスはカメの仲間だ。とくにスッポンの仲間である。ただし、スッポンとは異なり、その全長は実に1メートルにおよぶ陸生のカメだ。そして、甲羅の前端部の左右がまるでツノのように突き出ているという特徴がある。〝本来〟は、白亜紀に生きていた。

アノマロケリスに出会うためには、穂別博物館のある穂別地区中心部の南にある穂別橋を渡って左へ。T字路を左だ。道道131号線に入り、鵡川に沿うように東へ長閑な道を進んでいく。15分ほどで、川幅が広くなり、橋がかかっている交差点に到達するので、その橋——富内《とみうち》橋を渡る。

道なりに進むと小規模な集落がある。その集落の郵便局のあるその先で左に曲がると、赤い屋根で木造平屋の小さな駅舎が目に入るはず。

この富内駅が、アノマロケリスの〝出現地〟だ。

富内駅は、穂別の鉱山開発にともなって大正12年につくられた駅だ。昭和61年に廃線となったのちも、駅舎のほか、石積みのプラットホームや線路、客車などが保存されている。他は残っていない。線路も途中で消えている。

アノマロケリスは、プラットホームの上や、線路上に〝出現〟することが多い。その生態はまだ謎が多いけれども、スッポンの仲間である以上、うかつに近寄るのは危険だろう。常駐する係員の指示にしたがって、ある程度離れた位置からその独特の姿を楽しみたい。

汐見海岸のメソダーモケリス

むかわ町では、陸生のカメのアノマロケリスだけではなく、産卵のために〝出現〟するウミガメにも出会うことができる。ただし、それには事前予約が必要だ。

穂別地区から鵡川地区へと再び移動しよう。

穂別の中心部から道道74号線を南下。途中から道道59号線に道なりに移り、そのまま南下していく。このルートは、鵡川の東岸を進む形になり、時折、鵡川の川面を見ることもできる。

長閑な道を進むこと40分ほど。景色が広がり始めた直後の「米原」のY字路を左へと進む。

鵡川に別れを告げてそのまま直進を続け、日高自動車道の下を潜り、国道235号線を渡り、廃線跡を越えた先にある鵡川漁港が目的地。

ウミガメに出会うことができる日は、漁港に臨時の事務所と駐車場が用意されている。ここで、予約をしてあることを告げて、車を駐車しよう。

係員の案内にしたがって歩いていけば、町が保護区として指定している汐見《しおみ》海岸へと到着する。

ここに現れるのは、「メソダーモケリス」というオサガメの仲間だ。どうやら汐見海岸の沖合に〝出現〟し、汐見海岸には産卵にやってくるらしい。その姿はオサガメとよく似ているけれども、メソダーモケリスの大きさは2メートルほどと、オサガメよりも少しだけ小さい。

基本的に、この「産卵見学会」は夜間に行われるので、住吉神社付近の臨時事務所を訪ねるのも夕方以降で十分だろう。事前予約をしっかりとしていれば、集合時刻の案内が記されたメールも届いているはずだ。

本来、メソダーモケリスもまた白亜紀のカメだ。しかし、暗闇の中で懸命に卵を産むその姿を見ると、悠久の時を超えても変わらぬ生命の営みに、ある種の感慨を抱かずにはいられない。

鵡川漁港のモササウルス類

メソダーモケリスに出会うことができる汐見海岸のすぐ近くにある鵡川漁港は、ししゃも漁の拠点だ。

そもそも、「むかわといえば、ししゃも」である。

ししゃもは一般にも身近な魚として親しまれているかもしれない。しかしその多くは、実は「カペリン」や「カラフトししゃも」という〝代用魚〟。姿はよく似ているし、食感も似ているけれども、その味は明らかに異なる。

ししゃもの味を一言で書いてしまえば、「絶品」。ししゃもの味を知ってしまうと、もう、代用魚には戻れない（一応、誤解を招かないように書いておくと、カペリンもカラフトししゃもも、「そういう魚」として食べれば美味しい。今回はあくまでも、「ししゃも」として比べた場合の話だ）。

ししゃもは、北海道の太平洋沿岸でしか漁獲できない魚だ。なぜ、この海域だけで獲ることができるのかは、よくわかっていない。先住民であるアイヌの伝説によれば、神の国の神聖な柳の葉が鵡川に舞い落ち、神がその葉をししゃもに化身させたという。

旬は10月から11月にかけて。この季節になると、町内の加工店の前に簾《すだれ》干しが並び、飲食

店では寿司や刺身など、産地ならではの料理がメニューに加わるようになる。古生物目当てで訪問したときでも、時期さえ合えば、ぜひ、堪能したいところ。

さて、ししゃもで心躍るのは、人間だけではないようだ。〝大出現〟以降、ししゃも漁に出た漁船の近くに、全長5・5メートルほど、セダンタイプの自動車とほぼ同じ長さの〝泳ぐ大型トカゲ〟が〝出現〟するようになった。

その大型のトカゲの名前は、「モササウルス・ホベッツエンシス」。「トカゲ」とはいっても、その近縁の「モササウルス類」という別のグループに属している。一般的なトカゲとは異なり、完全な水棲種だ。その姿は、頭部においては口先が突出し、その口には鋭い歯が並ぶ。四肢は鰭となっていて、長い尾の先には尾鰭がついている。

当初、モササウルス・ホベツエンシスは、漁場を荒らすものとして警戒された。しかし近年では、漁船からさほど離れていない場所に、一定の量のししゃもを追い込むことで、モササウルス・ホベツエンシスを誘導できることが明らかになった。そして現在は、漁港からは、「ししゃも漁とモササウルスを見る観光船」も出るようになっている。出港の時間は朝早いので、しっかりと事前に調べて、予約を入れてから訪問すると良いだろう。

なお、日中の「ししゃも漁とモササウルスを見る観光船」に乗ることができなかったとしても、あるいは、乗ったとしても、夜になったら鵡川漁港に行ってみよう。運が良ければ、漁港内にまで入り込んだ別のモササウルス類に出会うことができるはず。

もちろん、基本的には「漁港」であるので、勝手に歩き回らないように。漁港の入り口に係員の待機小屋があるので、そこで係員に声をかけて同行してもらう。すると、暗闇の漁港の中で、月明かりを反射するように悠然と泳ぐ小型のモササウルス類を見ることができるだろう。係員が餌《えさ》用のししゃもを与えるタイミングと合えば、そのモササウルス類の顔を見ることもできるかもしれない。

このモササウルス類の全長は、3メートルに満たない。モササウルス・ホベツエンシスの半分近いサイズだ。風貌も少し異なり、後頭部の幅が広く、吻部が低い。そのため、正面から顔を見ると両眼が見える。他のモササウルス類だとこうはいかない。名前を「フォスフォロサウルス・ポンペテレガンス」という。

知られている限り、ほとんどのモササウルス類は昼行性だ。夜にその姿を確認することは難しい。でも、フォスフォロサウルス・ポンペテレガンスは夜行性のようだ。どうやら、沖合に〝出現〟し、最初は迷い込むように漁港へやってきたらしい。そのときに、たまたま餌を得ることができたため、こうして今でも夜になるとやってくるという。

いちうろこでアンモナイトとイノセラムスを

鵡川漁港の一角に、黒い壁がなんともモダンな平屋の建物がある。鵡川漁協の直売所——「いちうろこ」だ。

いちうろこは、卸売市場直結の施設。学校の教室をやや小さくしたような施設内には、ししゃもはもちろんのこと、ホッキ貝、ホタテ貝、タコ、毛ガニ、松川ガレイなどの新鮮な魚介類が、直売所ならではのお手頃価格で販売されている。

その一角に「アンモナイト」と「イノセラムス」のコーナーがある。

むかわ町の沖合は、多種多様なアンモナイトが〝出現〟している海域だ。いちうろこにも、多くのアンモナイトが陳列されている。

筆者のおすすめは、「ゴードリセラス・ホベツエンゼ」。穂別地区の名前をもつこのアンモナイトは、殻の長径が20センチメートルになり、太い殻をもち、細かな肋がびっしりと並んでいる。

すべてのアンモナイトの殻の内部の大部分は隔壁で分割され、気室と呼ばれる部屋が並んでいる。可食部である軟体部は、殻の口の付近にしかない。しかし、長径20センチメートルの殻ともなれば、「殻の口の付近」もそれなりに大きい。つまり、食べ応えがある。

イノセラムスもまた〝出現〟した古生物であり、本来は白亜紀の海底にいた二枚貝類だ。こちらも大小多くの種が陳列されている。おすすめは、「穂別」の名前をもつ「イノセラムス・ホベツエンシス」。殻長は60センチメートルに達するものもある座布団のようなサイズの二枚貝である。太い肋が並ぶ中で、殻の口から殻頂点に向かって大きな凹《くぼ》み（溝）があることが特徴。こちらは食べ応えばっちりだけれども、結構重い。もしも、北海道外へ送るならば、いちうろこ内の宅配便を利用するのが良いだろう。

恐竜のいる穂別地区から、海棲《かいせい》古生物をいろいろな意味で堪能できる鵡川地区まで。おそらく1日では足りないだろうから、予定はしっかりとたてるべし。もちろん、各種予約も忘れるべからず、である。

エピソード9　北海道・足寄町《あしょろ》とその近郊　——広大な道東の束柱《そくちゅう》類やクジラたち

足寄町は、北海道十勝《とかち》地域の北東部に位置する町だ。1408平方キロメートルに達する広大な面積で知られ、日本の町や村では最も広く、市町村全体でみても日本有数の大きさだ。なにしろ、東京23区の合計面積の2倍よりもさらに広いという内陸の町である。

町は東西に長く、大部分に山々が連なる。その山々の中を、西部では美里別《びりべつ》川が、中央部では利別《としべつ》川が、東部では足寄川が、それぞれ概《おおむ》ね北から南へと流れる。利別川と足寄川は足寄町内南部で合流し、その合流場所のあたりに広がる十勝平野の最北端付近に町の中心街が築かれている。

足寄町へのアクセスは、十勝の中核都市である帯広《おびひろ》から向かうのが良い。基本は、車だ。北海道外からは、とかち帯広空港が便利。とかち帯広空港でレンタカーを借りた場合、帯広・広尾自動車道を使って帯広方面に向かい、帯広ジャンクションで道東自動車道に入って、本別・足寄方面に向かう。終点が足寄インターチェンジだ。国道242号を北上すれば、ほどなく足寄町の中心街である。とかち帯広空港からの所用時間は、1時間半弱。もっとも、高速道路を利用しなかった場合でも、1時間半強で到着する。なにしろ市街地を抜ければ、信号の少ない道が長いのだ。

北海道内、例えば、札幌方面から鉄道利用でやってきた場合は、帯広駅で下車。ここでレンタカーを借りる。音更《おとふけ》帯広インターチェンジから道東自動車道を利用した場合で、1時間強。一般道で向かった場合は1時間半弱といったところだ。

利別川の束柱類

足寄町の中心街は利別川の西に広がっており、北海道の街らしい「碁盤の目」のつくりとなっている。

足寄の街にやってきたら、まずは「道の駅あしょろ　銀河ホール21」の駐車場に車を駐める。高い塔が目印の道の駅だ。その道の駅の前から東へ伸びる国道241号を歩いて5分ほど。利別川にかかる「両国橋」が目的地。

この両国橋の南の利別川に〝出現〟する古生物がいる。これまでに確認されているのは、「デスモスチルス」「アショロア」「ベヘモトプス」の3種類。

この3種類の古生物を初めて見た人の多くは、「カバみたい」と思うらしい。そう思ったのちに、「え？　でも、カバじゃない……」と違和感に気づくことが定番になっている。

デスモスチルスは、カバほどではないにしろ、ずんぐりとした胴体をもち、四肢はがっしりと太く、尾は短い。頭部は口先が鋭くシュッと整った面構えをしている。大きな個体で全長2・5メートルほど。

アショロアは、デスモスチルスと似た風貌をしているものの、そのからだは全長1・8メートルほどしかない。

ベヘモトプスは、デスモスチルスとほぼ同等の大きさで、デスモスチルスやアショロアと比べると、口先はやや寸詰まりだ。

この3種類の古生物は、「束柱類」と呼ばれる絶滅哺乳類グループに属している。専門家の分析によると、束柱類というグループの中でデスモスチルスとアショロアは近縁で、ベヘモトプスは別の系統に属しているらしい。また、この3種類の中では、デスモスチルスが最もよく泳ぐ。

両国橋からは、利別川で泳いだり、河岸で休んでいたりする束柱類の姿を見ることができるはず。ただし、いつも見ることができるわけではなく、川の水量が多い日によく〝出現〟するとのことだ。

オンネトーのクジラたち

足寄町は広い。道の駅のある中心街から、信号のほとんどない国道241号線をひたすら北東へ約40分。なだらかな山間の中で出てくる「オンネトー」の標識を見逃さずに右折して道道664号線に入る。

すると、途中から道道の中央線は消え、寂しささえ感じ始めたとき、左側にきれいな湖畔が見えてくるようになる。この湖が次の目的地。「オンネトー」だ。

オンネトーは、阿寒摩周湖《あかんましゅうこ》国立公園の西端に位置し、雌阿寒岳《めあかんだけ》の西の麓にある湖だ。雌阿寒岳の向こうには阿寒富士が位置しており、この阿寒富士の噴火で川が堰き止められてオンネトーはつくられた。「オンネトー」は、アイヌ語で「老いた、大きな沼」という意味である。面積は0・23平方キロメートル。東京ドームの半分ほどの大きさ。水が澄んでいることが特徴の一つで、深部まで届く陽光によって、湖面の色はエメラルドグリーンからダーク

ブルーなどに変わることで知られている。平均水深は2・8メートル。最大水深は9・8メートルにおよぶ。

道道664号線は、このオンネトーの西岸を通っている。なにしろ中央線のない道路なので、湖に気をとられて運転を誤らないように。危険を冒して道路上で停車しなくても、道路沿いに数カ所の駐車場が用意されているし、木造の展望デッキのあるポイントもある。南岸には、野営場や野営場休憩舎も用意されている。こうした場所に車を置いて、アカエゾマツなどの茂る東岸の散策路を歩くのもいい。

オンネトー訪問で持参したいのは双眼鏡だ。湖面をよく見ていると、イルカのような小型のクジラが顔を出すことがある。

このクジラは、オンネトーに〝出現〟した古生物。

　オンネトーで確認されているのは、2種類のクジラだ。

　一つは、「アショロカズハヒゲクジラ」。全長3・8メートルほどとされるから、軽自動車よりやや長いといったところ。全体的な風貌はイルカに近いけれども、頭部はイルカほどには膨らんでいない。口先が細長く伸びる。「ヒゲクジラ」の名前はついているけれども、ヒゲをもたず、歯が並んでいることが特徴の一つだ。

　もう一つは、実は学術的な種の特定がなされておらず、学名も和名もない。風貌はイルカに近い。サイズも「小さめ」ということ以外は不明だ。ただし、かつてオンネトーにイルカが生息していなかったことは確かであり、このクジラが古生物であることは疑いようがない。そのため、専門家はこの小さなクジラのことを「原始的なハクジラ」と呼んでいる。

　湖の生態環境保護のため、オンネトーでは、遊泳を含むすべてのウォータースポーツが禁止されている。そのため、アショロカズハヒゲクジラたちに舟などで近寄ることはできない。

　それでも晴れたときには、雌阿寒岳と阿寒富士を背景に、エメラルドグリーンの湖畔からジャンプして遊ぶアショロカズハヒゲクジラや原始的なハクジラを見ることができるだろう。好天なら、三脚でしっかりとカメラを固定して、じっくりと撮影チャンスを待つのもアリかもしれない。

阿寒湖でダイカイギュウに会う

オンネトーでクジラを堪能したら、阿寒湖まで足を伸ばしたいところ。国道241号線まで戻って北上を再開すること10分弱。「まりも国道」こと国道240号線とのT字路にあたるので右折して、その後も変わらぬ原生林の中を抜けていく。すると、しだいに店舗や民家が増えてくる。阿寒湖の温泉街に到着だ。オンネトーからの所要時間は、20分ほど。車は温泉街の東にある湖畔散策駐車場などに駐めるのが良いだろう。

阿寒湖は、阿寒カルデラの西部に位置している。十数万年以上前の火山活動で誕生した阿寒カルデラは、カルデラのほぼ中央における雄阿寒岳《おあかんだけ》の形成にともなって東西に分断され、西に阿寒湖、東にパンケトーとペンケトーの3つの湖をつくるに至ったとされている。

阿寒湖の面積は13・28平方キロメートル。オンネトーの約58倍だ。周囲は約30キロメートルにおよび、水深は最大45メートルに達するという。湖の東方向に雄大な雄阿寒岳を確認できるうえに、湖には大小四つの島々を擁するなど景観は抜群。特別天然記念物のマリモのほか、ニジマス、イワナなどのスポーツフィッシングや、冬季には凍った湖面に穴を開けてのワカサギ釣りも楽しめる。景観、レジャー、温泉と三拍子揃った観光地といえる。

そんな阿寒湖にも、古生物が〝出現〟している。

ダイカイギュウの仲間たちだ。

ダイカイギュウは、文字通り「大きなカイギュウ類」である。代表的なものは、18世紀に絶滅した「ステラーカイギュウ」。近年では、札幌市に〝出現〟する「サッポロカイギュウ」などがいる。

阿寒湖のダイカイギュウの仲間は、古生物であることはたしかだけれども、細部までの分析が進んでいない。まだ特定の名前をつけるにはいたっていないのだ。

そんなダイカイギュウを見るためには、二つの方法がある。一つは、湖岸に整備された遊歩道から双眼鏡で探す。この場合は、南岸に桟橋がつくられているので、その桟橋を使うと良いだろう。もう一つは、遊覧船やモーターボートの船上から探す方法だ。

阿寒湖に〝出現〟するダイカイギュウの仲間たちの中には、人懐っこい個体も多い。驚かせるようなことさえしなければ、出会うことは難しくないはずだ。

昆布《こぶ》刈石《かりいし》の海岸のアロデスムス

十勝地域には、足寄方面以外にも〝出現地〟がいくつも確認されている。

中核都市の帯広市から国道38号線を東進しよう。JR根室本線の線路と併走し、道道1038号線へと移る。十勝平野の東部を走り続ける長閑な道道をひたすら進んでいくと、左右に丘陵が広がり始める。さらに進むと国道336号線の入口が見えてくる。そのまま直進し、ほどなく右に「この先右折　昆布刈石展望台　黄金の滝」という小さな道標のある場所で右折して未舗装の道路へ（道標の「この先右折」に惑わされないように注意されたし。この看板のいう「この先」とは、まさに「この道標の直後」なので、看板のある道に入るのが正解だ）。

カーブを繰り返したその先にある「昆布刈石展望台」が目的地。もっとも、「昆布刈石展望台」も小さな看板があるだけで、特段に展望台として整備されているわけでも、駐車場があるわけでもない。道の端に寄せて駐車する。

待っているのは、絶景ポイント。地層が剝き出しとなった高さ90メートルの絶壁と、ゆるやかに弧を描く海岸線、そして、どこまでも続く太平洋。よく晴れた日に西を見れば、十勝平野の西端も見えるという。

そんな昆布刈石の海岸で、〝一風変わった鰭脚類《ききゃく》〟の群れが休んでいることがある。日向ぼっこをするように、日光を全身に浴びながら海岸の一部を完全に占有している大規模な群れだ。

鰭脚類とは、アザラシやセイウチ、アシカの仲間たちのこと。たしかに昆布刈石の〝一風変わった鰭脚類〟は、こうした動物たちと似ている。しかし、アザラシほど寸詰まりの顔つ

きではないし、セイウチのようにどっしりしていたり、長い牙をもっていたりもしていない。アシカと比べても、この鰭脚類は、とくに前脚が大きく発達している。ときには数十頭級の群れをつくり、その中で大きな個体は2メートルほどの大きさがありそうだ。

この〝一風変わった鰭脚類〟の名前を「アロデスムス・ウライポレンシス」という。どうやらこの海岸に〝出現〟し、遠洋まで泳いで行って魚を食べ、そして、戻ってきて休んでいるようだ。「ウライポレンシス」は、昆布刈石の海岸のある「浦幌《うらほろ》町」にちなむ名前だ。

アロデスムス・ウライポレンシスの群れを見ることができる日は、よく晴れて、波の穏やかなときが多いという。天気と相談し、「いけそうだ」と思ったら、双眼鏡を片手にドライブしてみてはいかがだろうか?

ソラ《宇宙》とタイキケトゥス

帯広から帯広・広尾国道を南下して忠類《ちゅうるい》インターで一般道へ。国道236号線から道道657号線に入る。北海道らしい長閑な風景の中を進み、国道336号線へ。すると、ゆるいカーブの先の左側に「大樹《たいき》町多目的航空公園」の小さな看板が見えてくる。この看板を見逃さずに右折だ。あとは、同じ小さな看板が案内してくれる。帯広の市街地からの所要時間は、60~70分。

目的地は、この「大樹町多目的航空公園」。

大樹町には、日本で3番目につくられた「ロケット射場」がある。1番目の種子島《たねが》、2番目の内之浦《うちのうら》に比べるとやや小ぶりではあるものの、官民両方のロケット関連施設が整備されつつある。十勝平野の南端付近にあって気候的に安定し、南には広大な太平洋が広がる。近くに大きな港はなく、空に関しても最寄りのとかち帯広空港はさほど便数が多くない。

こうしたさまざまな条件が、大樹町が「宇宙のまち」として適していることを物語る。公園内には、宇宙機や航空機の離着陸場や実験場などのほか、実際に町内で打ち上げた実物ロケットなどが展示されている交流センターもある。

そして、〝大出現〟以降、この公園の一部に「ホエール・スポット」が加わった。交流センターで情報を確認し、手続きをしてガイドとともに海岸に出る。沖合にちょっと変わったクジラが〝出現〟しているのだ。

このクジラは、ヒゲクジラの仲間。全長は6メートルほどしかないので、双眼鏡を持参することをおすすめする。〝大出現〟前からいるヒゲクジラたちと比べると、鼻の位置がやや前にあり、頬が少し膨らんでいるなどの特徴がある。

大樹町の沖合に〝出現〟するこのクジラの名前は、「タイキケトゥス」だ。

もちろん、町にちなんだ名前である。

タイキケトゥスもロケットに興味があるのか、ときにはかなり岸に近いところまで接近するという。運が良ければ、鼻の位置や頬の膨らみなどをよりはっきりと見ることができるかもしれない。

網走《あばしり》監獄を歩くペンギンモドキ

道東方面への古生物探訪には、必ずしも車必須というわけではない。

車以外でもアクセスしやすい「網走」を紹介しておこう。

北海道外から網走へのアクセスは、飛行機で女満別《めまんべつ》空港へ。空港から網走市街地へは、空港バスで30分ほど。ちなみに自動車の場合は、例えば、帯広市街地からは約3時間、足寄の市街地からは約2時間といったところだ。

網走市は、オホーツク海に面した平地を中心に築かれた街で、能取《のとろ》湖と網走湖、濤沸《とうふつ》湖などの湖を擁している。

網走湖の東岸に築かれている〝刑務所〟が、今回の目的地。その刑務所の名前を「網走監獄」という。駅からはバスに乗って7分ほど。「博物館網走監獄」のバス停で下車する。

網走監獄は、明治初頭の西南戦争後に増えた国事犯を収容するためにつくられた施設の一つ。明治政府は北海道開拓とその防衛のため、囚人を北海道各地に移していった。網走監獄は、釧路集治監の分監として明治23年に設置された。当時、網走は小さな漁村だったのだけれども、網走監獄の職員やその家族、その家族を目当てとした商人たちが定住するようになり、発展したという。なお、現在でも「網走刑務所」は存在するものの、網走監獄とは別の場所にある……というよりも、現在の網走監獄は本来の場所から移築され、博物館として整えられたものだ。

博物館としての網走監獄の代表的な施設は、国の重要文化財に指定されている「舎房」だろう。中央見張り所から、北東、東北東、南東、東南東、南西の5方向へと廊下が伸び、その両側に独居房や雑居房が並ぶ。その数、合計225房。最大700名を収容できる。

この放射状のつくりによって中央見張り所からすべての廊下を監視できる仕様となっている。廊下の長さは、北東、南東、南西の第1、第3、第5舎が約50メートル。東北東、東南東の第2、第4舎が約73メートルだ。

廊下の天井は一部がガラス張りとなっており、意外と（?）明るい。

この舎房の廊下に〝出現〟する古生物が、「ホッカイドルニス」だ。

ホッカイドルニスは、「ペンギンモドキ」と呼ばれる絶滅鳥類である。その姿は、なるほど、ペンギンと似ているように見える。よちよちと廊下を歩き回る愛らしさは、ペンギンそのものと言ってもいいかもしれない。

しかし、あくまでも「モドキ」であってペンギンではない。ホッカイドルニスは、ペンギンよりも首が長いし、翼はフリッパー《遊泳用》になっていない。ちなみに身長は小学2～3年生と同じくらいの130センチメートルほどだ。

五つある舎房のどこに〝出現〟するのかは、定まっていない。いずれかの舎房に現れて、独居房などを物珍しげに見たのちに、ときに観光客に近寄りながら、数十分にわたって舎房を歩き回ってから〝消えて〟いく。不思議と舎房の外に出現することはないという。

広大な道東にある〝古生物名所〟。しっかりと時間をとって、訪ね歩きたいところだ。

中部の章

エピソード10　福井県　――日本最大の恐竜王国、福井

いわゆる「北陸3県」のうち、最も西に位置している福井県。その西は日本海に面し、北は石川県、東は岐阜県、南は滋賀県と京都府に面している。そして、県内は山中峠、木ノ芽《きのめ》峠、栃ノ木《とちのき》峠を結ぶ線を境として、北にあって広い面積をもつ「嶺北《れいほく》地域」と、南にあって東西に細長い「嶺南地域」の二つに大きく分かれている。

古生物を訪ねるなら、嶺北地域だ。

この地域は、石川県との境をなす加越《かえつ》山地、岐阜県との境をなす両白《りょうはく》山地、日本海側は南条山地、丹生《にう》山地で囲まれており、中央部には越前中央山地が連なっている。県都である福井市は、越前中央山地の西に広がる福井平野にあり、この平野は北に向かって開けている。

恐竜博物館の絶滅哺乳類と太古のG

多くの古生物ファンが「生涯に一度は訪ねたい」と語る場所が、越前中央山地の東――勝《かつ》

山《やま》盆地の北端にある。

福井県立恐竜博物館だ。

日本最大の恐竜化石産地にある、日本最大の恐竜博物館である。アクセスは、福井駅をスタートとした場合、えちぜん鉄道勝山永平寺《えいへいじ》線に乗って1時間弱で最寄駅の「勝山」に到着。勝山駅からバスで15分だ。福井駅でレンタカーを借りた場合は、一般道を45分ほど西進すれば良い。東京方面から訪問する場合は、福井駅を経由するほか、金沢駅まで北陸新幹線を使い、金沢駅でレンタカーを借りるという手もある（筆者はこのルートをよく使う）。この場合、金沢駅から北陸自動車道経由で約1時間半だ。〝出現〟した古生物を巡る旅なら、行動の自由の確保という意味でも、車で移動の方が良いかもしれない。

さて、福井県立恐竜博物館の広大な展示室には、40体を超える恐竜の全身復元骨格が並んでいる。そのほか、生命史を俯瞰《ふかん》するさまざまな化石や復元模型もある。

まずは、その展示を堪能されたい。

そのとき、全身復元骨格の足元をよく見てみよう。しれっと〝出現〟している古生物に出会うことができるかもしれない。

今のところ、博物館内で確認されている〝出現古生物〟は2種類だ。

一つは、どことなくネズミやリスのような姿をしたネズミやリスのように小型の哺乳類。

実際、〝出現〟が確認された当初はネズミと勘違いされ、スタッフによる捕獲騒動があったという。しかし、実際に捕獲して調べてみると、どうもネズミともリスともちがう。口の中を見ると扇子《せんす》のような形の臼歯があるなどの特徴が確認されたのだ。

専門家によると、このネズミに似た小型哺乳類は、「多丘歯類《たきゅうし》」というグループに属している。多丘歯類は、恐竜時代に大いに繁栄し、その後、姿を消したグループである。

もう一つは、「G」……ゴキブリだ。

これも、当初は騒ぎになった。なにしろ、見た目は、たしかにゴキブリなのだ。

しかし、こちらも調査の結果、「プラエブラッテエラ」という古生物であるということが明らかになった。ゴキブリはゴキブリでも、こちらも恐竜時代のゴキブリだ。翅《はね》が小さく、翅の中にある小さなくぼみが密集しており、複雑な模様をつくっているという特徴がある。

実はゴキブリは、現生種と古生物の姿がほぼ変わらないことで知られ、いわゆる「生きている化石」でもある。ぜひ、プラエブラッテエラをみつけて、〝生きている化石感〟を感じてみてほしい。

白山平泉寺《はくさんへいせんじ》の恐竜たち

北陸の霊峰として知られる「白山」。石川県、岐阜県、福井県には、その白山を信仰する神社仏閣がある。

福井県において、白山信仰の拠点とされているのが、白山平泉寺だ。その歴史は古く、いわゆる「奈良時代」の最初期にあたる西暦717年に始まる。その後、この地域は日本最大級の宗教都市に成長し、約8000人の僧兵を擁するまでに至ったという。しかし、1574年に越前一向一揆《いっき》に攻められて全山が焼失した。現在では、再建された境内の一面に緑の絨毯《じゅうたん》が展開し、「苔寺《こけでら》」としてもよく知られる。

そんな白山平泉寺に多くの恐竜が〝出現〟する。

福井県立恐竜博物館で化石と多丘歯類とゴキブリを〝堪能〟したら、勝山の市街地へ向かおう。市街地の東縁にある国道157号線を南下する。10分ほど車を走らせれば、「平泉寺白山神社」の看板が見えてくる。その看板にしたがって左折すれば、ほどなく目的地だ。福井県立恐竜博物館からの所用時間は15分ほど。

到着したら、まずは拝殿に向かって歩いていこう。

一の鳥居をくぐり、二の鳥居に向かってゆるやかな石階段を歩いていく。かつては、木曾義仲や源義経が歩いたとされるその道に〝出現〟するのは、全長が2・5メートルほどで、二足歩行をする恐竜だ。この恐竜の名前は、「フクイベナトール」。

フクイベナトールは、北海道の中川町に〝出現〟するパラリテリジノサウルスの仲間だ。つまり、「テリジノサウルス類」と呼ばれるグループに分類されている。ただし、パラリテリジノサウルスと比べるとこちらはずっと細身で小型。身長は、ヒトの大人の方が高い。

フクイベナトールは、肉も植物も食べる雑食性だ。幸いにして、〝出現〟する個体は、植物を食べることが多いらしい。今のところ、フクイベナトールに襲われた、という被害は出ていない。念のために係員も常駐しているので、観光客はフクイベナトールを刺激しないように気をつければゆっくりと観察できる。

この鳥居の奥に見えてくるのが、拝殿だ。現在の拝殿は、江戸時代に再建されたもの。一向一揆で焼失する前の拝殿は、46間の大きさがあったという。有名な京都の三十三間堂《さんじゅうさんげんどう》より

も1・5倍も大きい。今も残る礎石が、かつての栄華を物語る。
その拝殿の近くの林には、2種類のよく似た植物食恐竜が〝出現〟する。
一つは、全長4・7メートルの「フクイサウルス」。尾をピンとはり、前足をついて四足で歩いたり、ときには後ろ足だけの二足で歩いたりする。ツノやフリルといった目立った特徴はない。イグアノドン類と呼ばれ、かつては大繁栄した恐竜グループの一員だ。
もう一つは、フクイサウルスよりも一回り小さい全長3メートル。名前を「コシサウルス」という。コシサウルスは、フクイサウルスとよく似た姿のイグアノドン類。いや、学術的にいえば、むしろ、コシサウルスの方が〝典型的なイグアノドン類〟であるという。コシサウルスや多くのイグアノドン類と比べると、フクイサウルスの頭部は丸みを帯びていてがっしりとしているのだ。林の中に出現した2種の頭部をぜひ、しっかり観察されたし。

拝殿の南に進めば、開けた場所に出る。そこでは、かつての白山平泉寺を調査するための発掘調査が行われている。目立つのは、石畳の道。河原石でつくられたそれは、中世のものとしては国内最大級であるという。

この発掘調査場所に〝出現〟するのは、全長10メートルの「フクイティタン」だ。フクイティタンは、長い首と長い尾をもち、四足で歩く「竜脚類《りゅうきゃく》」の仲間。竜脚類は、いわゆる「巨大恐竜」の代名詞ともいえるグループで、メンバーには全長20メートル超の種は珍しくなく、全長30メートルを超える種さえいる。そんな仲間たちと比べると、フクイティタンは小柄といえる……らしいが、「10メートル」という全長も十分でかい。踏まれないように注意が必要だ。

発掘現場に〝出現〟して、さぞや関係者は困惑しているだろうと思いきや、不思議とすでに発掘が終わった場所だけを歩いていくという。なんとまあ、紳士的な恐竜である。

……とここまでが、〝一般的に出会うことが多い恐竜たち〟。

実は、もう1種類の恐竜が〝出現〟するという噂がある。

参道の入口近くに、「牛岩」と「馬岩」という二つの大きな岩がある。真夜中の願掛けで

有名な「丑《うし》の刻参り」をこの神社で行おうとすると、この二つ岩が牛と馬になり、道を遮《さえぎ》ると伝えられる。丑の刻参りをするためには、牛にも馬にも臆《おく》さずに進まなければいけない。残る1種類の恐竜が〝出現〟するとされているのは、この場所だ。
牛の刻に人が近づくと、牛と馬に加えて、全長4・2メートルの肉食恐竜が〝現れる〟という。鋭い歯が並ぶ頭部とやや長い前脚を特徴とし、指先には鋭い鉤爪が並んでいる。一見して、恐ろしいこの恐竜は、目撃者の証言に基づけば、「フクイラプトル」らしい。
牛や馬は怖くなくても、さすがにこの大きさの肉食恐竜は怖い。〝大出現〟以降、白山平泉寺における丑の刻参りは、ハードルが上がったとか……。

勝山駅のフクイプテリクス

恐竜が〝出現〟するポイントは、白山平泉寺だけじゃない。勝山市は、いわば「恐竜王国の首都」ともいえる市だ。市内には、複数の〝出現ポイント〟が確認されている。

市街地の西端にある「勝山駅」もその一つ。

勝山駅は、えちぜん鉄道勝山永平寺線の終点駅。福井県立恐竜博物館へ電車でアクセスする場合は、この駅からバス、もしくは、タクシーを利用する。駅前には小規模ながらもロータリーがあり、フクイサウルスとみられる大小の模型が鎮座《ちんざ》している。駅舎は、瓦屋根と白い壁が美しいつくりだ。

白山平泉寺の次に訪問する場合は、寺の前から西へ続く道をまっすぐ進む。道なりに九頭《くず》竜《りゅう》川の東岸を進み、右奥に勝山郵便局のある交差点を左折して九頭竜川を勝山橋で渡ると、勝山駅は左側にすぐ見えてくる。車の場合は、ロータリーに入らず、そのまま直進して線路を渡ろう。踏切の先に、パークアンドライド用の駐車場がある。恐竜見学の場合は、この駐車場を利用することができる。

勝山駅に〝出現〟するのは、「フクイプテリクス」だ。

フクイプテリクスは、鳩とさほど変わらない大きさである。見た目もかなり鳥っぽい。

……実際、学術的にいえば、「鳥類」は「恐竜類」を構成するグループの一つなので、鳥っぽいのは、当然といえば、当然かもしれない。その意味で、フクイプテリクスは恐竜類であり、鳥類なのだ。

フクイプテリクスは、実はその「学術面」で重要な価値をもっている。

そもそも、「古生物の鳥」といえば、世界で一番有名な存在は、ドイツに〝出現〟する「始祖鳥」だろう。始祖鳥は、からだのさまざまな部位に、鳥類以外の恐竜類の特徴を残しながらも、大きな翼をもつ。まさしく、その姿は「鳥」である。

フクイプテリクスは、その始祖鳥の「次に原始的」とされる存在だ。

からだの随所に、始祖鳥のような「鳥類以外の恐竜類の特徴」を備えている。ただし、例えば、始祖鳥の尾の骨は個々の骨が独立していることに対して、フクイプテリクスの尾の骨は癒合《ゆごう》して短く棒状になっている。これは、「鳥類」の特徴だ。こうした特徴をもつフクイプテリクスは、鳥類の進化を語る上で「記念碑的な存在」といえる。

そんなフクイプテリクスは、駅舎の瓦屋根の上や、駅舎の前のちょっとした広場に居ついていることが多い。訪ねたときにはいなくても、30〜40分で〝出現〟を繰り返すこともあるらしいので、ゆっくりと待ってみるのも良いだろう。

刈込池《かりこみ》に太古のワニも

勝山市の南に位置する大野市の山中には、ブナやミズナラなどの原生林に囲まれた周囲400メートルほどの池がある。

その池の名前は、「刈込池」。

かつて、白山に棲んでいたとされる大蛇が閉じ込められているという伝説があるこの池には、流れ込む小川こそあれども、出る川がない。それなのに、水位はほぼ一定という。不思議な池である。

原生林の中にある湖面はとても静かで、周囲の景色をきれいに映す。とくに紅葉の季節には、多くの観光客が朝早くから訪れる。

その刈込池も、古生物の〝出現〟するポイントだ。

刈込池へのアクセスは、車が良い。福井市から向かう場合は、国道158号線をひたすら東進し、JR西日本越美北《えつみほく》線の勝原駅あたりで県道173号線に入る。そのままますぐ進めば、最寄りの駐車場である「小池駐車場」に到着する。福井市からの所要時間は1時間半ほどだ。小池駐車場に近づくにつれて、道の狭い山道となるので、運転には十分に注意されたし。ちなみに、勝山駅や白山平泉寺から向かう場合は、とにかく南下すれば、国道158号線と交差するので、そこで左折。その先は、福井市から来た場合と同じ道順だ。勝山駅からも白山平泉寺からも1時間ほどで到着する。

小池駐車場に車を駐めたら、歩道を歩いて打波《うちなみ》川沿いに出よう。なお、トイレはこの小池駐車場より先にはない。

ここから刈込池へと向かう道筋は、「石段コース」と「岩場コース」の二つがある。石段コースの方が1キロメートルほど短い。ただし、その名が示すように、686段の石段が待っている。全体的に高さのある石段のため、かなりハードだ。岩場コースにも終盤には石段があるものの、こちらの方がアクセスはしやすい。いずれにしろ、最低でもトレッキングをする服装や靴が必要だ。

石段コースの場合は50分ほどで、岩場コースの場合は1時間ほどで刈込池に到着する。美しい景色を堪能したら、池の淵《ふち》をよく探してみよう。

運が良ければ、ワニをみつけることができるはずだ。

このワニが〝出現古生物〟だ。

専門家によると、「ゴニオフォリス類」と呼ばれるグループに属するという。種名の特定には至っていない。全長は1メートルほど。一見すると、現生のワニとよく似ているけれども、背中の鱗板骨《りんばんこつ》が2列しかなかったり（現生のワニは6列ある）、歯に筋状の模様があったりするなどの特徴がある。

観光客で賑わう時期は、もっぱら対岸の静かな場所に〝出現〟しているので、双眼鏡で探してみるといい。観光客の少ないときは、歩道側にも〝出現〟するというけれども、そのときは、あなた自身の安全をしっかりと確保することが先だ。なにしろ、「ワニ」である。

なお、帰路も歩くことになるので、ゴニオフォリス類発見でテンションを上げすぎて、体力を消耗しないようにご注意を。帰路は、岩場コースがおすすめだ。

道の駅で、カメとトカゲと二枚貝

恐竜やワニなどさまざまな〝出現古生物〟に出会ったら、ぜひ、帰路には「道の駅　恐竜渓谷かつやま」に寄ってみよう。

福井県立恐竜博物館から向かう場合は、市街地をめざして「郡町」の交差点を右折、滝波川を渡って二つ目の信号「新保」を左折するとほどなく左側にある。所要時間は10分ほど。白山平泉寺から向かう場合は西進して「北市」の交差点を右折し、そのまま県道17号線を北上する。平泉寺から15分ほどで、左側に見えてくる。

勝山駅から向かう場合は九頭竜川の西岸を北上し、勝山恐竜橋を渡って右側だ。所要時間は5分弱。

白い壁面に恐竜が描かれ、木のぬくもりを感じられるつくりの平屋の建物と広い駐車場があるこの施設は、勝山市の情報発信拠点であり、〝お土産売り場〟でもある。

到着したら、まずは施設の裏に回ってみよう。道の駅の裏を流れる九頭竜川の河岸に古生物が〝出現〟していることがある。

よくみかけるのは、スッポンだ。

見た目も大きさも、現生のスッポンとよく似ている。……似ているけれども、専門家の分析によると、これは古生物らしい。名前はまだついておらず、「スッポンの仲間」ということだけがわかっている。

探せば、トカゲもみつけられるかもしれない。

そのトカゲも実は古生物だ。全長は十数センチメートル。後ろ脚がやや長いこのトカゲには、「アスワテドリリュウ」の和名がある。ちょろちょろと動き回っているので、岩陰などを中心に探してみよう。

ひと段落したら道の駅のカフェレストランでランチを。

実は勝山は、ソースかつ丼が名物である。関連メニューがいくつかある中で、おすすめしたいのは、「色付二枚貝の味噌汁セット」だ。

味噌汁の器としてはやや大きめの碗《わん》内には、殻の大きさが3センチメートルから10センチメートルの二枚貝が入っている。黒い帯が入っていたり、黒い斑点が放射状に並んでいたりする二枚貝は、合計で3種類。この3種類の二枚貝も、実は古生物だ。実に良い味を出す。

旅の終わりにここでしか食べられない味噌汁を味わって、ゆっくりと帰路へつくとしたい。

エピソード11　岐阜県・瑞浪市《みずなみ》　――「謎の奇獣」と「月のおさがり」の化石の街

岐阜県南東部に位置する「瑞浪市」。

濃尾《のうび》平野の北端に位置するこの市の大部分は山地であり、南北にやや広く、その中ほどを東北東から西南西に向かって土岐《とき》川が流れ、土岐川に沿うように中央自動車道と国道19号線が走る。市街地は、西南西のやや開けた場所に展開する。また、市の北部を旧中山道が通り、中世から商工業都市としての歴史がある。市の人口は、３万６０００人ほど。

瑞浪市へのアクセスは、名古屋駅からＪＲ中央本線快速で約50分ほどだ。車の場合は、名古屋駅前から名古屋都心環状線↓名古屋1号楠《くすのき》線↓名古屋11号小牧《こまき》線↓東名高速道路↓中央道路と高速道路を利用して約45分で到着する。県都である岐阜市からのアクセスは、電車利用の場合は名古屋経由で1時間15分ほど、車の場合は東海北陸自動車道から東海環状自動車道、中央自動車道を経由して1時間と少し。少なくとも電車の場合は、県都よりも名古屋からの方がアクセスしやすい。

バサラカーニバルには、巻貝のアクセサリーを

瑞浪市は、〝大出現〟前から、古生物ファンにとってはよく知られている。

その知名度を支える一つは、「月のおさがり」の産地として。

「月のおさがり」とは、高さ10センチメートルほどで、螺旋を描くオパールや瑪瑙《めのう》だ。乳白色の細い管が、くるりくるりと巻きながら、下に行くほど少しずつ太くなっていく。

「おさがり」とは、「うんこ」のこと。かつて、このオパールや瑪瑙をみつけた人々は、「月のうんこ」が落ちていると考えた。なんとも風流な（？）話である。

もちろん、現実にはそれは「月のうんこ」ではない。では、「何のうんこ」なのかといえば、そもそも「うんこ」ではない。

「月のおさがり」の正体は、「ビカリア」という巻貝の化石だ。

瑞浪市とその近郊にある地層の一つに、約１８００万年前のものがある。その地層から、高さ10センチメートルほどの巻貝の化石が採れる。殻の表面には小さなトゲが並び、その突起は殻の口に近づくほど大きくなる。それがビカリアだ。

地層中のビカリアの殻の内部に、オパールや瑪瑙の成分が溜まって〝固化〟し、そして、ビカリアの殻自体は酸性の雨や地下水の影響でなくなることがある。その結果、ビカリアの内部で螺旋状に硬くなったオパールや瑪瑙が残る。これが、「月のおさがり」である。

ビカリアの殻化石は、瑞浪市以外の場所でもよくみつかる。しかし、「月のおさがり」は瑞浪市内の一部の地層だけでしかみつからない。そのため、「瑞浪といえば、月のおさがり」と記憶の古生物ファンも少なくないはずだ。……実際には、他にも「瑞浪といえば……」はあるので、そのあたりに関しては、後述を待たれたい。

さて、「月のおさがり」は〝大出現〟前から有名だけれども、最近はビカリアそのものにも注目が集まるようになってきた。

それは、瑞浪バサラカーニバルのラッキーアイテムとしてだ。

瑞浪バサラカーニバルは、年末に瑞浪駅前で行われる「よさこいのイベント」だ。それは、「乱舞」という言葉がふさわしい。全国から集まった踊り手たちが、団体ごとに音楽やナレーションに合わせて踊りまくる。侍《さむらい》の姿をしたグループもあれば、制服姿で参加する中高生もいる。100を大きく凌駕《りょうが》するチームの約7000人が勢いよく踊る。

近年では、その踊り手たちが、ビカリアの殻のアクセサリーを身につけるようになった。〝出現〟したビカリアの〝中身〟を美味しく食べたのち、樹脂などで殻を保護して、ネックレスやイヤリング、根付などに加工するのだ。「ビカリアをつけると、ミスなく踊ることができる」と評判らしい。

最初は、地元のアイドルである「瑞浪Mio」が身につけていたことがきっかけだったという。その後、「瑞浪で踊るなら」をキーワードに、多くの人々がビカリアの殻を加工したアクセサリーを身につけるようになった。化石は壊れやすいけれども、〝出現〟した殻を保護・加工すれば、強度は高くなる。何より、〝出現〟後は、中身は主に食材として食べられ、殻は捨てられていたビカリアだけに、その殻の再利用は各方面から歓迎されている。

瑞浪バサラカーニバルを観に行ったときには、踊り手たちのアクセサリーに注目だ。

きなぁた瑞浪でポークとともにホタテを

バサラカーニバルの時期ではなくても、〝出現〟したビカリアに出会うことはできる。

ＪＲ中央本線の瑞浪駅を起点として車でアクセスする場合、国道19号線に出て5分ほどで左に見えてくる歩道橋のある交差点で左折、そして、直後に右折する。広い平屋の建物が三つ並ぶ「きなぁた瑞浪」が目的地。徒歩の場合は、駅を出て、左へ進んだらすぐに踏切を渡り、中央本線の左を沿うように県道３５２号線を歩いていく。20分強で歩道橋が見えるので、その歩道橋の先にある踏切、そして、橋を渡れば、目的地だ。このとき、歩道橋以外の目印らしい目印はないので、注意されたい。

どちらの場合も、進むにつれて、左右から少しずつ山が迫ってくる。春には新緑、秋には紅葉を楽しみながら向かうと良いだろう。

きなぁた瑞浪は、いわゆる「農産物直売所」だ。旬の野菜や山菜類などが、建物の中にずらりと並んでいる。目玉の一つは、「瑞浪ボーノポーク」。霜降りの割合が一般的な豚肉の2倍あるというブランド肉で、旨味《うまみ》、甘味が強いことで知られている。きなぁた瑞浪には、瑞浪ボーノポークのハム工房もある。

瑞浪市は〝内陸〟の街だけれども、〝大出現〟以降、土岐川などの水域に多くの〝水棲古生物〟が〝出現〟するようになった。その結果、きなぁた瑞浪でも、「食」に適した古生物が販売されている。

ビカリアもそうした販売品の一つ。

でも、実は現地の人々には、ビカリア以上の人気を博している〝食材古生物〟がある。それが、「ミズナミホタテ」だ。

ミズナミホタテは、殻の大きさが6~8センチメートル程度。ヒトの掌に十分おさまるという小型のホタテである。殻の厚みも特筆するほどには膨らんでいない。

ミズナミホタテの調理法は、シンプルに網焼きで食べる方法と、小さいことを活かしてこの貝殻ごと汁物につける方法がある。新鮮なホタテの出汁が取れるとして、味噌汁はもちろんのこと、らーめんなどに使うことも多いという。瑞浪ボーノポークをチャーシューに用い、ミズナミホタテを数個のせた特製らーめんは、瑞浪以外では食すことができない逸品として知られている。瑞浪市内でこのらーめんを提供する店には、多くの場合で醬油ベースと塩ベースがある。筆者個人としては、塩を勧めたい。

野外学習地で、パレオパラドキシアに会えるかも

ビカリア（月のおさがり）などの化石産地として知られる瑞浪市。

さすが、というべきだろうか。手続きさえ踏めば、誰でも化石採集を楽しめる「野外学習地」がある。

化石採集をしたければ、ハンマーなどの装備を整えた上で、まずは博物館へ向かおう。J

R中央本線の瑞浪駅を出たら右へ。踏切があるので、線路を渡り、そして、線路に沿うように西へ進む。瑞浪インターチェンジ入口の看板を右に曲がれば、「化石博物館」を示す案内板が見えてくる。徒歩約30分ほどで到着する。高速道をくぐった先の左側、小高い場所に位置しているのが、「瑞浪市化石博物館」だ。なお、車の場合は、瑞浪インターチェンジから降りてすぐそこだ。最初のT字路を左へ曲がって瑞浪市街へ向かい、直後に左に曲がれば良い。

まずは、博物館を見学して、どのような化石を採ることができるのかを知っておきたい。その後、博物館の受付で野外学習地の利用手続きを行い、「立入証」を受け取り、野外学習地までの道順を訊ねよう。

野外学習地は、博物館近くの土岐川の河原にある。河原へと続く階段を降りたら、そこがもう〝現場〟だ。約1800万年前の地層が露出しており、さまざまな化石を採ることができる。

化石採集に夢中になりすぎて、〝出現〟する古生物を見逃さないように。

化石採集地付近の土岐川に、全長2〜2・5メートルほどの束柱類、「パレオパラドキシア」が〝現れる〟ことがあるのだ。

パレオパラドキシアは、カバをスマートにしたような、でも明らかにカバではない姿をし

ている。北海道の足寄町に〝出現〟しているデスモスチルスやアショロアの仲間だ。瑞浪市もまた束柱類で知られる街なのだ。「瑞浪市といえば、束柱類」でもある。

川の水量が多く、水深がある程度あるときは、パレオパラドキシアは犬かきと平泳ぎをあわせたような動作で、土岐川を泳ぐ。水深が浅いときは、ゆっくりと川の中を歩く。どちらかといえば、泳いでいるときの方がいきいきとしているように見える。

パレオパラドキシアの〝出現〟を確認したら、化石採集はいったん休憩としよう。ハンマーでたがねを叩く音が、パレオパラドキシアを刺激してしまうかもしれない。あなたが襲われることはないだろうけれども、パレオパラドキシアが逃げてしまうことはありそうだ。

優雅に土岐川を楽しむパレオパラドキシアは、毎日〝出現〟するわけではないし、さほど長い時間にわたって滞在するわけでもないという。出会えた場合は、その幸運に感謝すべきだろう。パレオパラドキシアを見て、化石採集をしたのちは、博物館に電話をして、終了の報告をすることを忘れないように。

鬼岩《おにいわ》の先で、ミズナミムカシアシカに会う

吾峠呼世晴《ごとうげこよはる》による漫画作品『鬼滅《きめつ》の刃《やいば》』。『週刊少年ジャンプ』に連載され、アニメ化も映画化もされた人気作品である。家族を鬼に殺され、鬼とされた妹をヒトに戻すために、主人公の少年は修行を重ね、仲間とともに戦っていく。

この作中で、主人公が「岩を刀で割る」というシーンがある。〝修行編〟において主人公が力をつけていく、そのクライマックスと言って良い。

瑞浪市北東部には、まさにその漫画・アニメの一場面のような「二つに割れた巨岩」がある。その名も「鬼の一刀岩」。

鬼の一刀岩があるのは、「鬼岩公園」の奥だ。

瑞浪市の市街地から鬼岩公園に向かう場合、西の土岐市を経由する。アクセスは車利用が基本だ。国道19号線を西へ向かい、土岐市内で国道21号線へと移り、そして瑞浪市の北部に

戻る。やがて見えてくる鬼岩ドライブインに車を駐めて、徒歩で山中へと入っていく。

鬼岩公園には、可児《かに》川の源とされる小川——平岩川が流れ、樹木の繁る山中には数メートル級の巨岩がごろごろ転がっている。平岩川を渡る小さな橋には朱塗りが施されており、公園全体に漫画・アニメのような世界が広がる。

公園入口から入ってほどなく、道は分岐する。「鬼の一刀岩」を見たければ、左の「蓮華《れんげ》岩・烏帽子《えぼし》岩コース」へと進む。道は狭いし、公式で「急峻」とされるそのコースを進むには、それなりの服装と靴が必要だ。15〜20分も歩けば、「鬼の一刀岩」へとたどり着く。そして、その先にある「蓮華岩」からは、鬼岩公園を俯瞰する大パノラマを見ることができる。

そんな〝鬼のいる世界〟を満喫したら、せっかくなのでさらに先へと足を進めよう。途中で「渓谷・岩巡りコース」と合流したら、左へと曲がる。寂しささえ感じる細い道を進んでいくと、10分ほどで舗装された道に出る。その先で森林に囲まれた小さな人造湖にたどり着く。

実は本書としては、この「松野湖」こそが目的地。

松野湖に古生物のアシカが〝出現〟する。その名前は「ミズナミムカシアシカ」だ。

ミズナミムカシアシカは、1・5メートルほどの頭胴長のあるアシカである。頭部の大きさは20センチメートルほど。湖岸付近をなんとなく不器用な感じで泳いでいる。あるいは、湖岸で休んでいる。

ミズナミムカシアシカは、まさに「アシカ」のような姿をしているけれども、機会があれば、例えば、ミズナミムカシアシカが欠伸《あくび》する瞬間に口の奥を見てみよう。臼歯がまるでヒトの臼歯のように丸みをもった形をしている。

いささか細かいようだが、これは現生のアシカにはない特徴だ。現生のアシカの臼歯は上端が尖る。丸みをもった臼歯は、アシカとしては原始的な種類の特徴とされている。

現在までの観察では、松野湖に〝出現〟しているミズナミムカシアシカは1頭だけ。雄の成獣であるという。さほど広くない人造湖とはいえ、松野湖に〝出現〟している1頭のアシカと出会うには、それなりの幸運が必要だ。「出会えたらラッキー!」くらいのつもりで足を向けてみよう。

中学校の〝化石祭〟で、エゾイガイを味わう

日常の世界に古生物が溶け込んでいることが、この街のすごいところだ。

瑞浪市立瑞浪北中学校は、ちょっと変わった給食が出ることで有名だ。

この中学校では、敷地造成時にクジラの化石がみつかったり、階段のモチーフにビカリアが使われていたり、校内でいくつかの化石が展示されていたりする。

そして、〝大出現〟以降は、プールに「エゾイガイ」が〝出現〟するようになった。

エゾイガイは、ムール貝に似て縦に長く、やや大きい二枚貝だ。最大の特徴は、殻の表面に薄い縦筋が並んでいること。形は似ていても、ムール貝や、他のイガイの仲間にはこの縦筋はない。

中学校では、エゾイガイが〝出現〟するたびに、さまざまな調理がなされて給食として出る。汁物として提供されることもあれば、パエリアにのることもある。

ただし、中学校で給食を食べることができるのは、この学校に通う中学生と職員だけだ。部外者は、敷地に入ることさえ禁止されている。

そこで、「化石祭」だ。

中学校では1年に何回か、〝出現〟のタイミングにあわせて、一般公開日が設けられている。有志の中学生が〝出現〟した古生物についての研究レポートを発表したり、アクセサリーに加工したものを展示・販売したりする。その中で、調理されたエゾイガイが提供されることもある。

化石祭の開催は不定期なので、詳細は問い合わせを。なお、学校のホームページよりは、瑞浪市における古生物研究の中核である瑞浪市化石博物館の方が情報が詳しいときが多い。そのため、化石博物館のホームページやSNSをこまめに確認しておくことをおすすめする。

犬山城で、巨大松ぼっくりを拾おう

瑞浪方面を訪問したら、せっかくなので、近郊の古生物も確認したい。

犬山城へ足を伸ばそう。

瑞浪市立瑞浪北中学校や瑞浪市化石博物館のある市街地から、瑞浪インターチェンジで中央自動車道に乗って小牧東インターチェンジまで進む。あるいは、中央自動車道と並走する国道19号線を西進して、小牧東インターチェンジの前を通る県道49号線へと進む。小牧東インターチェンジの出入口まで、一般道と高速道のちがいは15分ほどだ。

その後は、県道49号線を北上し、尾張《おわり》パークウェイに入る。この尾張パークウェイは、飛驒木曽川《ひだきそ》国定公園の中を進む起伏に富んだ面白い道路である。景色を楽しみながらその終点まで進めば、犬山市内のちょっとした森の中に到着する。「犬山城」を示す看板が見えてくるので、その指示にしたがって北上し、木曽川沿いに出よう。道なりに進めば、天守閣が見えてくる。瑞浪市街地からの所要時間は、高速利用で45分ほど、一般道で1時間ほどだ。ちなみに電車の場合は、多治見と鵜沼《うぬま》・新鵜沼で乗り換えて、犬山城最寄りの犬山庭園駅まで1時間と少し。そこから1・2キロメートルほど歩く。

犬山城は、織田信長の叔父である織田信康によって創建された、現存する日本最古の木造

天守閣をもつ城だ。木曽川沿いに立つその勇壮な姿は、戦国の世に思いを馳せるのに十分な風格をもっている。城内には樹木が多く、緑に囲まれた城ともいえるかもしれない。

この犬山城内で、変わった松ぼっくりを拾えることが話題になっている。

その松ぼっくりの多くは、高さ10センチメートルはあろうかという大きなもの。野球の硬式ボールよりも一回り以上も大きい。14センチメートルに達するものもあるという。

ただし、いずれも球形ではなく三角錐になっており、松かさは先端が鋭く尖って反り返る。まれに、細い三つ葉をともなうこともある。

不思議なことに、この松ぼっくりを実らせている樹木はみつかっていない。では、誰かが持ち込んだのかといえば、どうもそうではないらしい。

専門家が調べたところ、「オオミツバマツ」という300万年以上前の古生物であることがわかった。つまり、これも〝出現〟したものだ。時間は特定されていないものの、いつのまにか犬山城に〝出現〟した〝太古のマツ〟が、人知れずに〝消えて〟いくそのわずかな間に、大きな松ぼっくりを落としていくとみられている。

勇壮な天守閣を堪能しながら、ちょっと気をつけて歩いてみよう。大きな松ぼっくりをみつけたら、それがオオミツバマツかもしれない。

木曽三川《さんせん》公園でミズナミジカに会おう

犬山城から木曽川に沿うように西進すると、車で15分ほどの距離にある「木曽三川公園フラワーパーク江南《こうなん》」に到着する。

木曽三川公園は、木曽川と長良川と揖斐《いび》川の3河川沿いにつくられた国定公園で、愛知県、岐阜県、三重県にまたがり、「日本一大きい国営公園」として知られている。「フラワーパーク江南」は、木曽三川公園に13ある拠点の一つで、その名の通り、花と緑豊かな環境の創出を掲げてつくられた。

園内には随所に花壇があり、広大な芝生の広場があり、レンタサイクルを使っての移動も

できる。メインとなる花壇では、春にはチューリップ、夏や秋にはコリウス、冬にはビオラといった花が咲き誇る。隣接する水盤池からは30分ごとに霧が出るという趣向もある。

フラワーパーク江南にも、古生物が〝出現〟する。

それは、「ミズナミジカ」だ。

ミズナミジカは、その名前が示すように、瑞浪市で化石が発見されたシカである。「都市部のシカ」といえば、奈良公園のニホンジカが有名だろう。フラワーパーク江南のミズナミジカは、奈良公園のニホンジカと比べるとひとまわり以上小さく、肩の高さが60センチメートルほどしかない。体重も20〜30キログラムほどである。ちなみに、筆者の家には、13歳になったラブラドール・レトリバーがいる。彼女の肩の高さが55センチメートル。体重は25キログラムほどだ。つまり、ミズナミジカは、盲導犬としても知られているラブラドール・レトリバーとほぼ同サイズといえる。

ミズナミジカの口には、上顎からサーベル状の鋭い犬歯が伸びている。また、両眼の上からそれぞれほぼ真上に向かってツノがのび、先端でY字形に枝分かれしている。そして、角座（頭と角の境にある突出部）はなく、角全体が毛皮で覆われているという特徴がある。

フラワーパーク江南に〝出現〟するミズナミジカは、複数頭いるらしい。園内のどこに〝現れて〟、どこへ移動するのかは、とくに決まっていないようだが、池や水路の近くで休んでいることが多いという。

さほど危険はないとされているけれども、園内ではミズナミジカの〝出現〟が確認されると、園内放送で注意を呼びかける。角にはさほど恐怖を感じないかもしれないが、なにしろ犬歯が鋭いのだ。

まあ、でも、遠巻きにして写真を撮る分には問題ない。1年を通して〝出現〟するので、色とりどりの花とともにカメラに収めたいところだ。

岐阜県の瑞浪から愛知県北部にかけての一帯は、水棲動物から陸上動物までさまざまな古生物に会うことができる地域だ。できれば数日かけて、ゆっくりと訪ね歩きたい。

近畿の章

エピソード12　大阪府　――ナウマンゾウと超大型ワニのいる〝古生物大都会〟

日本を代表する商都の一つ、大阪。人口800万を擁し、西日本の中枢都市でもある。

大阪府の西は瀬戸内海の穏やかな海に面し、北には北摂《ほくせつ》山地、東には生駒《いこま》山地、南東に金剛《こんごう》山地、南に和泉《いずみ》山脈と西以外は概ね山地で囲まれている。北東の京都府から淀川が、東の奈良県からは大和《やまと》川がそれぞれ大阪の北部と中部を西に向かって流れ、この二つの河川の間には大阪平野が広がっている。

大阪城で、チリメンユキガイに舌鼓

「大阪のシンボル」といえば、いくつもある。その一つとして、おそらく多くの人々が挙げるのが、大阪市の「大阪城」だ。

淀川から分かれ、大阪市の中心部を西へ流れていく大川。その大川のほとりに大阪城はそびえている。高層ビルの並ぶ都市の中にありながら、約105万6000平方メートルの敷地をもつ大阪城公園には、地上50メートル、8階建ての天守閣を中心として広大な城郭が展

開する。東西南北には水が満たされた外堀があり、その内部の東西北に水で満たされた内堀、南には空堀がある。

大阪城といえば、豊臣秀吉の名前を挙げる人が多いだろう。しかし実は、現在の大阪城は、秀吉のつくったものではない。

織田信長の死後、後継者として実権を握った秀吉が1583年に築城を開始し、5層6階建ての天守閣をもつ城としてつくった〝初代大坂城〟は、1615年に勃発した大坂夏の陣で徳川家康率いる軍勢の攻撃を受けて落城した。その後、徳川幕府が〝第2代大坂城〟を再建し、拠点として活用する。しかしその2代目は、幕末の戊辰《ぼしん》戦争で多くの建物を焼失した。このとき、最後の将軍である徳川慶喜《よしのぶ》が入城したことでも知られている。戊辰戦争後、今度は明治政府が陸軍の拠点として整備し、1931年に天守閣の復興となった。この〝第3代大阪城〟が、現在の大阪城だ。

そんな大阪城の天守閣の1階には、ミュージアムショップやシアタールームと並んで、「古生物カフェ」がある。

ここで提供されているのが、大阪城の外堀に〝出現〟する「チリメンユキガイ」を使った各種料理だ。

チリメンユキガイは、〝現生種〟も存在する殻長5〜6センチメートルほどの楕円形の二枚貝だ。温かい内湾を好むとされるが……実は、現生種は日本近海では絶滅の危機に直面していて、「食べる」ことは難しい。

しかし、〝大出現〟以降、大阪城の外堀には定期的に、そして、大量にチリメンユキガイが〝出現〟するようになり、むしろ、その処理が困難となって社会問題として扱われ始めた。そのため、研究と保護・保全に確保された一部をのぞき、大阪城内の古生物カフェで提供されるようになった。

料理は、定番の刺身、寿司、味噌汁、フライ、アヒージョなど。秀吉も家康も慶喜も味わうことのできなかったその味を、ぜひ、堪能されたい。

アクセスは、なにしろ都市の中にある城だ。電車を使うのが良いだろう。周囲には大阪メトロの谷町四丁目駅、天満橋《てんまばし》駅、森ノ宮駅、大阪ビジネスパーク駅、JRの森ノ宮駅、大阪城公園駅、大阪城北詰駅、京阪電車の天満橋駅、京橋駅、近鉄電車の鶴橋駅など城を囲むように多くの駅がある。いずれの駅からも徒歩15~20分ほどで天守閣に到着する。

大川で桜とクジラをウォッチング

大阪城の次は、ホエールウォッチングはいかがだろうか？　とくに桜の季節はおすすめだ。

北西の京橋口から大阪城公園を出たら北へ。寝屋川《ねやがわ》と府道１６８号線を渡るのに便利な歩道橋がある。この歩道橋は、京阪本線の線路の手前まで続く。そして、その線路を地下道で抜けたら、もう、そこは大川だ。約90メートルの川幅があなたを待っている。大阪城の天守閣から向かった場合、徒歩15分前後で大川の左岸に出る。

大川は両岸に歩道が整備されているけれども、ここは、眼前に見える歩行者専用の橋を使って右岸に渡ろう。

右岸には造幣局《ぞうへいきょく》があり、毎年4月中旬の桜の季節には、構内の大川沿いの全長約560メートルの通路が一般開放されている。いわゆる「桜の通り抜け」だ。桜は、この通路と大川沿いに植樹されている。まずは南門から造幣局構内に入り、桜を存分に堪能したら、北門から出て大川沿いに進み、今度はゆっくりと南下する。このとき、桜だけではなく、川面にも眼を向けてみよう。

大川に古生物が〝出現〟していることがあるのだ。

大川の古生物は、2種類のクジラだ。

一つは、「カツオクジラ」である。全長10メートル超にまで成長するナガスクジラの仲間だ。カツオクジラは現生種も存在し、大阪府の近くでは和歌山県和歌山市の沿岸に座礁した個体もいる。しかし〝大出現〟前は、大川の、しかも造幣局付近までカツオクジラが進入することはなかったし、一般に〝出現〟の兆候とされている〝霧〟も確認されていることから、これは古生物としてのカツオクジラだ。専門家によると、約８８００年前〜約４０００年前の個体ではないか、とのこと。

もう一つは、ナガスクジラの仲間。種の特定にはいたっていない。こちらもカツオクジラと同じように、10メートル超級のサイズだ。専門家は、約30万年前のクジラではないかと指摘している。

大川のクジラは、ゆっくりと泳ぎ、潮を吹く。そして、気がつけば、〝霧〟の中へ消えていく。

桜の季節、大川に霧が出たときは、クジラのやってくる合図かもしれない。

長居《ながい》公園でナウマンゾウとウォーキング

大阪市南部に位置する長居公園。約65万７０００平方メートルの敷地内には、大阪市立自然史博物館をはじめ、セレッソ大阪の本拠地であるヤンマースタジアム長居、バラ園やアジサイ園などの専門園を有する長居植物園などがある。公園の外周近くをぐるりと回るように長さ約２・８キロメートルの広い道が整備され、多くのランナーが汗を流す。植物園ならずとも緑が豊かであり、ツバキ、ウメ、ハナモモ、サクラなどが季節に応じた花を咲かせている。

アクセスは、大阪メトロ御《み》堂筋《どうすじ》線「長居」で下車してすぐだ。そのほか、JR阪和線の「長居」「鶴ヶ丘」も徒歩5分圏内。なお、長居公園地下、ヤンマースタジアム前、長居植物園前に駐車場も整備されているので、車でのアクセスにも便利だ。

長居公園に〝出現〟する古生物は、ベレー帽をかぶっているように見える頭部が特徴のゾウ類――「ナウマンゾウ」である。

長居公園のナウマンゾウは、園内のどこに〝出現〟するのかは決まっていない。植物園内の池で水浴びを楽しむこともあれば、自然史博物館の屋外に〝吊るされている〟ナガスクジラの骨格を見上げて何かを考えていることもある。

いずれの場合でも、結局は周回道路を歩き始め、半周から1周後に〝消えて〟いくという。ナウマンゾウをとくに刺激しなければ、人々がともに歩くことは禁じられていない。
そのため、今では長居公園はナウマンゾウとともに歩くことができる公園として有名だ。

大阪大学でマチカネワニに親しむ

大阪のシンボルといえば……古生物分野では「マチカネワニ」だろう。

マチカネワニは、約40万年前に生きていたワニだ。吻部が長く、口には太い歯が並び、とくに上顎の7番目の歯が大きいという特徴がある。

その大きさは、迫力の全長7・7メートル！

現生のワニ類で「超大型」とされるイリエワニよりも長い。日本の街中を走るマイクロバスよりも長いのだ。

そんな大きなワニが〝出現〟するのは、大阪大学豊中キャンパスの構内である。大阪に来たのならば、マチカネワニに会わずして帰路につくのはもったいない。

長居公園から大阪大学豊中キャンパスに向かう場合は、大阪メトロ御堂筋線で長居駅から梅田駅へ。そして、大阪梅田駅から阪急宝塚線宝塚行に乗って、石橋阪《はん》大《だい》前駅で降りれば良い。長居駅から石橋阪大前駅までの所要時間は40分ほど。

石橋阪大前駅を出たら、アーケードのある商店街を南下して、アーケードの切れた場所に

ある交差点で左折。道なりに歩いていくと、「石橋阪大下」の交差点にたどり着く。この交差点の右斜め前にある細い道を進んでいけば、ほどなく大阪大学の入口だ。

その後は、小高い山——待兼山《まちかね》を迂回《うかい》するように伸びる阪大坂を登っていけば、右に大きな池が見えてくる。この「中山池」にマチカネワニは〝出現〟する。

大学構内に入る際には、守衛さんに「マチカネワニを見に来た」旨を告げよう。すると、〝出現〟の有無から、〝出現〟していたら、池のどのあたりにいるのかを教えてくれる。

ちなみに、〝出現〟している場合は、大阪大学の学生がボランティアガイドをしてくれていることが常だ。安全のためにも、そのガイドの指示にしたがって、その超大型っぷりに大いに驚いてほしい。

なお、マチカネワニは、東洋の伝説に登場する「竜」のモデルであるとの見方がある。それは、あくまでも「一つの見方」ではあるけれども、実際に見ると、「さもありなん」と思えるだろう。7・7メートルという迫力の大きさと、その大きな口は「竜」と呼ばれて納得の重厚感がある。

りんくう公園で、アンモナイトを拾う

大阪城のチリメンユキガイに、大川のクジラ、長居公園のナウマンゾウ、大阪大学のマチカネワニ……と、大阪府の古生物は、比較的〝新しい時代〟のものばかり。やはり、恐竜時代の古生物の〝出現〟は望むべくもないのか……というわけでは、実はない。

大阪湾に恐竜時代のいくつかの古生物が〝出現〟し、関西空港そばのりんくう公園海岸に打ち上げられていることがある。

りんくう公園へのアクセスは、JR新大阪駅を起点とした場合、大阪メトロ御堂筋線なかもず行に乗り、なんば駅で南海線に乗り換えて、りんくうタウン駅で下車。新大阪駅からの所要時間は、1時間強。大阪大学でマチカネワニ見学後に向かう場合は、石坂阪大前駅から阪急線に乗り、梅田で大阪メトロ御堂筋線に乗り換える。所要時間は1時間半前後といった

ところだ。りんくう公園駅からは、徒歩3分ほどでりんくう公園に到着する。なお、駐車場も整備されているので、自家用車やレンタカーで向かってもいい。阪神4号湾岸線の泉佐野南インターチェンジで降りれば、5分ほどで到着だ。駐車場は第1と第2がある。大阪湾の古生物に会いたければ、第1がおすすめだ。

りんくう公園は大阪湾沿いに整備された緑地のある公園だ。白い玉石のマーブルビーチや松林の並ぶ「シーサイド緑地」と、四季の花が楽しめる花街道や人工の内海のある「シンボル緑地」がある。

シーサイド緑地のマーブルビーチから見る夕日は、「日本の夕日百選」に選ばれるほど。ゆっくりと景色を楽しみながら散歩することができる（なお、遊泳は禁止されている）。

そのマーブルビーチに、古生物が打ち上げられていることがある。よくみつかるのは、「ゴードリセラス・イズミエンゼ」。アンモナイトの仲間だ。恐竜時代の末期を生きていた古生物である。

ゴードリセラス・イズミエンゼは、長径20センチメートル前後の殻をもつ。ややゆるく巻き、殻の表面には細かな凸線構造（肋）が並ぶ。実は、大阪湾だけではなく、北海道むかわ町の沿岸や、アラスカの沿岸にも〝出現〟しているという、広い分布域をもつアンモナイトだ。

残念ながら、打ち上げられたゴードリセラス・イズミエンゼのほとんどは、殻だけだ。大阪湾に〝出現〟し、そこで一生を終えたのち、軟体部は腐り落ちて、軽くなった殻だけがマーブルビーチへと打ち上げられるらしい。

この殻を持ち帰ることは禁止されていない。ビーチコーミングの一環で、ゴードリセラス・イズミエンゼの殻を探すのも一興だろう。

大都市とともにある古生物たち。大阪もまた、古生物大国なのだ。

エピソード13　兵庫県　――関西の恐竜王国

兵庫県は地形の変化が豊かな県だ。北は日本海に、南は瀬戸内海にそれぞれ面している。県の中央付近には、西から中国山地が伸びてきていて播但《ばんたん》山地をつくる。一方、東には丹波《たんば》高地があり、播但山地と丹波高地で事実上、県を南北に分けている。県都である神戸市は、丹波高地の南にある六甲山地のさらに南側の大阪湾沿いに築かれており、大阪とはさほど離れていない。一方、播但山地の南には播磨《はりま》平野が広がり、人口50万人を要する姫路市がその西部にある。瀬戸内海において大阪湾に蓋をするかのように位置している淡路《あわじ》島も兵庫県の一部だ。

そんな兵庫県は、実は、日本有数の恐竜化石産地でもある。当然のように、〝大出現〟以降、多くの恐竜が〝出現〟しており、多くのファンが訪れる。

丹波竜の里で、丹波竜に会う

兵庫県で〝出現〟した恐竜に出会いたければ、まずは「丹波竜の里公園」に向かうといい。

アクセスは、車があると便利だ。舞鶴若狭《まいづるわかさ》自動車道の丹南篠山口《たんなんささやまぐち》インターチェンジで降りて北上し、交差点「大山下」を左折して県道77号線を西進する。景色は田園地帯から山間へと変化して、県道は篠山川と併走する。山間部がわずかに開けるその場所で、看板にしたがって左折。JR福知山線の踏切を渡れば、そこが丹波竜の里公園だ。丹南篠山口インターチェンジからの所要時間は15分弱といったところ。なお、電車の場合は、JR福知山線の下滝《しもたき》駅で下車し、篠山川に沿って県道77号線を東に歩けば、20分ほどで到着する。

篠山川沿いにつくられたその場所は、全長15メートル、小さな頭、長い首、大きな胴体に柱のような脚、そして、長い尾をもつ植物食恐竜——竜脚類の化石発掘地から南東に約500メートルの場所だ。

この竜脚類こそ、兵庫県を代表する恐竜だ。「丹波竜」こと「タンバティタニス」である。丹波竜の里公園は、通常はコンクリートで保護・保存されているタンバティタニスの化石発掘地と、そこから遊歩道で結ばれた駐車場、売店や体験施設に隣接し、実物大の丹波竜の生態復元模型が設置されている。

この一帯には多くの恐竜たちが〝出現〟し、篠山川で水を飲んだり、駐車場で休んだりしている。

タンバティタニスは、そうした〝出現恐竜〟の中でも一番人気。なにしろ、大きいのだ。

その大きさに憧れて、人々は一緒に写真を撮っている。タンバティタニス自身は、自分の生態復元模型が気になるのか、模型のまわりを歩いたり、鼻先でつついたりすることが多い。

もう1種類、人気を集めている恐竜がいる。「ティラノサウルス類の小型恐竜」だ。あの超人気の暴君竜《ティラノサウルス》の仲間だ。しかし、全長は4〜5メートルほどと暴君竜の半分にも満たず、名前もまだ決まっていない。ただし、こちらはなにしろ「暴君竜の仲間」であり、「肉食」なので、うかつに近寄ると危険である。この肉食恐竜が〝出現〟したときは、常駐の係員がこの恐竜を篠山川沿いに誘導し、観光客と少し距離をとるようにしているという。見学者としては、遠くから刺激しないように観察するのがマナーというものだろう。

広い駐車場があるので、恐竜たちの邪魔にならないように車を駐めて、ゆっくりと観察したいところだ。

兵庫県立丹波並木道中央公園で賢い小型恐竜に

兵庫県で、〝出現〟した恐竜に出会うことができる場所は他にもある。しかも、その一つは、丹波竜の里公園からさほど離れていない。

兵庫県立丹波竜の里公園から県道77号線を東へ戻る。その後、国道176号線を南下すると、「丹波並木道中央公園」の標識が出てくるので、その指示にしたがって右折する。ゆるやかに坂を登ったその先が目的地の「丹波並木道中央公園」だ。丹波竜の里公園からの所要時間は車で10分ほど。なお、電車の場合は、JR福知山線の丹波大山駅を下車。駅を出て細い道を道なりにまっすぐ進み、Y字路を右へ。その先に、「丹波並木道中央公園」の看板がある。丹波大山駅からの所要時間は10分ほどだ。

丹波並木道中央公園は、篠山川沿いの丘陵につくられた約0・7平方キロメートルの公園である。いわゆる「東京ドーム換算《みしゃか》」で約15個に相当する広さの園内には、整備された遊歩道あり、標高318メートルの三釈迦山への登山道あり、林道ありと、ウォーキングやトレッキング、あるいは、犬の散歩などに最適なつくりとなっている。恐竜をテーマにした遊具

も2か所にあり、さらに恐竜の模型もあり、土日祝日はその模型が動く。

　この広大な敷地に〝出現〟するのは、全長1〜1・5メートルほどで2足で歩く、羽毛で包まれたスリムな恐竜だ。「全長」は「鼻先から尾の先までの長さ」なので、腰の高さは50センチメートル前後しかない。専門家によると、「トロオドン類」というグループの恐竜であるという。

　トロオドン類の恐竜は、園内のどこかに〝出現〟し、園内を自由に散策している。今、どこにいるかは、園内各地に設置された監視カメラによって把握されているので、公園管理事務所で訊ねれば、その位置を教えてもらうことができる。もっとも、なにしろ広い公園なので、会いに行ってもすれちがってしまうことが多い。

　確実にこの恐竜に会いたければ、午前10時、正午、午後3時に公園管理事務所前の朝市広場へ行けば良い。この広場で係員が餌を与えているのだ。

この恐竜も賢いもので、定時になると朝市広場までやってくる。そして、大人しくしていれば、広場で餌をもらえることがわかっているため、どうやら肉食性であるにもかかわらず、園内を歩く人や動物を襲うことは一切ない。近年では、園内を散歩する人や犬もこの恐竜に慣れ、ごく自然に接しているという。

恐竜ラボでくつろぐ炭獣《たんじゅう》

かつて、「炭獣類」と呼ばれる哺乳類がいた。絶滅哺乳類の1グループで、現生のイノシシやカバの仲間に近縁と位置付けられている。「炭の獣」という名前は、グループの代表とされる種類の化石が石炭をともなうような地層から発見されたことに由来する。

すでに絶滅している炭獣類。

しかし兵庫県には、炭獣類の〝出現〟が確認されている場所がある。

丹波並木道中央公園でトロオドン類に会った後は、国道176号線を南下。丹南篠山口インターチェンジから舞鶴若狭自動車道を利用しよう。神戸三田《さんだ》インターチェンジで降りて、高層マンションの並ぶ駅前市街地へ進めば数分で目的地の「兵庫県立人と自然の博物館」だ。

丹波並木道中央公園からの所要時間は30分ほど。なお、兵庫県立人と自然の博物館には専用駐車場はなく、近郊の有料駐車場を使うことになる。そのうちの一つであるショッピングモールの駐車場は、博物館観覧券の提示で4時間まで無料となるので、おすすめだ。

電車で丹波並木道中央公園から向かう場合は、JR丹波大山駅で福知山線に乗り、三田駅で神戸電鉄公園都市線に乗り換えて、フラワータウン駅で下車。JR新大阪駅から向かう場合も同じく三田駅で乗り換える。1時間強で到着する。

さて、兵庫県立人と自然の博物館は、もちろんじっくりと見学したい博物館ではあるけれども、炭獣類に会いたいのならば、館の外にある平屋の建物――「ひとはく恐竜ラボ」へ。

ひとはく恐竜ラボは、その名前の通り、恐竜化石のクリーニング作業を行う施設としてつくられた。施設の半分がクリーニング室、もう半分が見学スペースとなっており、ラボ一面がガラス張りで、その作業のようすを見学できるという仕様だ。

炭獣類が〝出現〟するのは、このラボである。

正確には、〝出現〟後にどうも博物館の敷地内を歩き回っているらしい。しかし、このラボがとくに心地良いようで、自動ドアを開けて、ラボに入ってきて見学スペースで休んでいることが多いという。

この炭獣類は、「サンダタンジュウ」という。頭胴長は1メートルほど。吻部が長く、四肢はかなり短く、全体として愛嬌さえ感じられる。

博物館の方でも、サンダタンジュウにはラボへの出入りを自由にさせている。水飲み場だけ新設して、あとはサンダタンジュウの好きに任せているという。

明石《あかし》海峡大橋を渡るアケボノゾウ

神戸市と淡路島をつなぐ「明石海峡大橋」。

最大水深約110メートルの明石海峡につくられたこの橋の長さは、3911メートルに達し、2本の大きな主塔から伸びるケーブルによって道路面の高さが海面から97メートルに吊られているという、世界最大級の吊り橋である。

橋は大きく2層構造で、上層（上面）を神戸淡路鳴門自動車道が通り、下層は管理路となっている。上層の神戸淡路鳴門自動車道は片側3車線と広く、気持ち良く運転できる。

運が良ければ（？）、この明石海峡大橋でも古生物を見ることができる。

明石海峡大橋周辺の道路の電光掲示板に「ゾウ出現中。徐行」の表示が出たときは、明石海峡大橋に古生物が〝出現〟しているのだ。

橋の片側3車線のどちらに〝出現〟するかは定まっていないものの、〝出現〟する古生物は、今のところ、「アケボノゾウ」と決まっている。

アケボノゾウは、肩の高さがヒトの身長とさほど変わらない小型のゾウだ。そんな小さなゾウが、明石海峡を明石海峡大橋で渡る。本当に「小さい」ので、「ゾウ」と意識していると見逃してしまうかもしれない。ここは注意が必要だ。

明石海峡大橋の管理事務所では、〝出現〟の兆候とされる霧の発生を確認したら、霧の出た側の3車線を閉鎖、橋を片側通行にして、通行車両には徐行を求めている。

橋の通行の安全のために、停車・駐車しての撮影や観察は認められていない。ゆっくりアケボノゾウを見たいのなら、明石海峡大橋が1か月に数回開催している橋の見学ツアーに申し込み、見学日に〝出現〟してくれることを祈るしかない。オーロラのようなものである。

対向車線を歩くアケボノゾウを見ても、注視しすぎて、運転を誤らないように注意されたい。

小さな公園でアンモナイトを拾って、翼竜を仰ぐ

淡路島には、「緑の道しるべ」と題された道路沿いの小規模な公園がいくつかある。古生物に会う旅には、淡路島の南西海岸にある「緑の道しるべ阿那賀《あなが》公園」がおすすめだ。

明石海峡大橋で淡路島に渡ったのちは、神戸淡路鳴門自動車道をそのまま南下しよう。島の南端に近い淡路島南インターチェンジで降りて右折。県道25号線を北上する。そのまま25号線を進んでいくと、阿那賀地区の小規模な集落を経て海沿いを走るようになる。そして、一つ丘を越えたその先の左側に、数台の駐車スペースがある。

ここが、「緑の道しるべ阿那賀公園」だ。西に瀬戸内海が広がり、眺望は抜群。正直、「公園」というには、いささかささやかさがすぎるけれども、ヒトよりも少し大きいサイズのソフトクリーム状モニュメントが置かれている。このモニュメントが目印だ。

もちろん、本書でこうして紹介するからには、このモニュメントは、ソフトクリームを模したものではない。

モデルは、「ディディモセラス・アワジエンゼ」。アンモナイトである。

アンモナイト類には、「異常巻き」と呼ばれる、ちょっと変わった(?)巻きをみせるものがある。北海道の三笠市に〝出現〟する「ニッポニテス」がその代表例だ。そして、ディディモセラス・アワジエンゼも異常巻きアンモナイトの一つ。

その形状は、まさしくソフトクリームのように殻が立体的な螺旋を描き、そして、最外周がだらりとさがって、殻口付近が少し上を向く。

この場所にディディモセラス・アワジエンゼのモニュメントがあるのは、近くでその化石が発見されるからだ。

そして〝大出現〟以降、淡路島の西岸沖にディディモセラス・アワジエンゼが〝出現〟しているらしく、その殻が阿那賀公園の海岸に打ち上げられるようになった。阿那賀公園からはその海岸に降りる階段も整備されているので、ぜひ、足元に気をつけながら探してみてほしい。運が良ければ、生きている個体もいるそうだが……基本的には殻だけが打ち上げられている。ちなみに、大きさはもちろんヒトサイズではなく、上下の高さが約17センチメートル弱のものが多い。

阿那賀公園には、もう1種類の異常巻きアンモナイトが打ち上げられている。そちらの名前は「プラヴィトセラス・シグモイダレ」。一見すると、異常巻きではないアンモナイトのように平面螺旋を描いているものの、最外周だけが「S字」を描くという珍妙さだ。大きさ

は、ディディモセラス・アワジエンゼよりも少し大きくて、大きなものでは30センチメートル近くにもなる。ちなみに、モニュメント脇に設置された看板によると、生きている個体は海に返すことが推奨されているものの、殻だけを拾った場合は、持ち帰って良いとのことだ。

さて、海ばかり見ていると、もう1種類の古生物を見落とすことになる。

空を見よう。阿那賀公園付近の上空は、翼開長が5〜6メートルになる翼竜類の通り道となっている。淡路島の海岸近くの森に〝出現〟することが多いこの翼竜類は、「アズダルコ類」と呼ばれるグループに属している。頭が大きく、首が長く、そして、尾は短い。淡路島に〝出現〟し、阿那賀公園の上空付近を通って沖に出て、どうやらサカナを獲っているらしい。

小さな公園だけれども、空と海で古生物を満喫できる。ただし、駐車場は狭く、道も広くない。もしも駐車スペースが空いてなかった場合は、路上駐車せず、淡路島南部をドライブしてまた戻ってくるくらいの覚悟をしておこう。

洲本《すもと》城で、〝太古の日本の名〟をもつ恐竜と触れ合う

淡路島を上空から見ると、北東に銃口を向けた拳銃のような形をしている。ちょうどその引き金にあたる場所に標高133メートルの三熊《みくま》山がある。その山麓、山腹、山頂に展開する城の名前を「洲本城」という。

洲本城の歴史は、1526年に淡路水軍を率いた安宅《あたぎ》氏によって始まる。1526年といえば、室町幕府第12代将軍足利義晴の時代にあたり、戦国の英傑と呼ばれる織田信長や徳川家康はまだ生まれていない。その後、淡路一国は脇坂氏のものとなり、現在に残る総石垣の城が築かれたとされる。そして、脇坂氏ののちにこの地域を治めた池田氏の時代の廃城を経て、大坂夏の陣後に淡路を統治することになった蜂須賀《はちすか》氏によって拠点として扱われるようになったという。実に複雑な来歴をもつ城だ。蜂須賀氏は拠点として洲本城を扱っても、その本拠地は徳島城にあった。そのため、基本的には洲本城は支城として位置づけられることになり、現在に至る。

現在の洲本城には、脇坂氏以来の石垣が残り、山頂には昭和初期に再建された天守閣がある。天守閣自体に登ることこそできないものの、その付近からは洲本市街地と大阪湾を見渡すことができる。

アクセスは、車が基本だ。神戸淡路鳴門自動車道の洲本インターチェンジが近い。緑の道しるべ阿那賀公園から向かう場合は、淡路島南インターチェンジから20分ほど戻ることになる。洲本インターチェンジで降りたら洲本市街地へ向かう。その後、山を回り込むような道を進むと、「←洲本城跡」の標識が見えてくる。駐車場は2か所。道路の終着点とその手前にある。終着点の駐車場の方が天守閣に近いけれども、そちらはいささか狭い。運動を兼ねて、手前の駐車場の方が良いかもしれない。洲本インターチェンジから洲本城跡の駐車場までは20分ほどだ。

さすがの山城というべきか、石垣の間にあるそれなりの斜度のある坂を登っていく。すると、天守閣と天守閣のすぐ下にある広場に到達する。

天守閣と広場付近に、恐竜が〝出現〟する。

その恐竜の名前は、「ヤマトサウルス」。

全長7～8メートルほどの植物食恐竜で、口先がカモのクチバシのようになっている。トゲやフリルなどの〝武装〟はない。

ヤマトサウルスは、北海道むかわ町に〝出現〟するカムイサウルスの仲間。しかし、肩のつくりがカムイサウルスに比べると未発達であるため、カムイサウルスよりは原始的な存在と考えられている。

洲本城のヤマトサウルスは、基本的には大人しい。広場で陽光に当たって気持ち良さそうにしていたり、天守閣のあたりまで登って大阪湾を望んだりしている。恐竜ファンならば、北海道のカムイサウルスとあわせて、会っておきたい恐竜だ。

丹波から洲本まで。多くの恐竜に出会う兵庫県。もちろん、他の恐竜以外の古生物を含めて、今後の〝出現〟にも期待が広がる。

エピソード14　和歌山県　――波際のナウマンゾウと恐竜、そして内陸のモササウルス類

和歌山県は南北に長い県だ。その海岸線は大阪湾南端から太平洋へと連なり、入り組んだリアス式海岸となっている。紀伊山地をはじめとして、県の面積の8割以上が山地であり、平野は北部の紀ノ川の下流、その南の有田《ありだ》川の下流、日高川の下流などにわずかに広がる程度。北は関西地方の中核である大阪に面しているものの、その境には和泉山脈が連なっている。

県都である和歌山市は、和泉山脈の南西部とその南の紀ノ川下流の平野に位置している。この地は江戸の昔は徳川御三家の一翼をなす紀州徳川家の所領だった。

和歌山県最初の古生物探訪は、和歌山市から始めよう。

加太《かだ》を歩くナウマンゾウ

和歌山市の北西に「加太」と呼ばれる地区がある。和歌山市の中心部から県道7号線を西進すること車で20分ほど。電車の場合は、南海電鉄に乗れば、その終着駅が加太駅だ。

加太は大阪湾と紀伊水道に面した地区で、遠浅の海水浴場や漁港を擁し、沖合を見れば、〝大阪湾の南の出入口〟を塞《ふさ》ぐように並ぶ「友ヶ島」（東の「地ノ島」と西の「沖ノ島」、沖ノ島の北東にある「虎島」と北の「神島」の大小4島を指す）をすぐそこに望むことができる。また、加太から瀬戸内海に突き出た城ヶ崎や、その北にある深山《みやま》湾の北部から北へと連なる急峻な海岸には、まるで洗濯板のように板状構造が並ぶ地形があることでも知られる。これは、この地に硬い砂岩と軟らかい泥岩が交互に重なった地層があり、泥岩の地層だけが波で削られてできた地形だ。

古生物が〝出現〟するのは、そんな洗濯板の地形がみられる場所だ。

ここに、ベレー帽の頭部をトレードマークとするゾウ——ナウマンゾウが出現する。洗濯板のような地形はけっして歩きやすいはずはないのだけれども、とくに気にしたようすはなく、一度〝出現〟したのちは、しばらく海岸を歩き回る。

そんな和歌山のナウマンゾウを見るためには、二つの方法がある。

一つは、自分自身で海岸へと足を向ける方法だ。この方法、車で来ているのであれば、海岸から少し登った場所にある休暇村紀州加太の駐車場がおすすめ。そして、そこから10数分も歩けば、海岸に出る。ただし、このとき、深山湾の北部の海岸に〝出現〟しているのか、あるいは、南の城ヶ崎に出現しているのかは、正直「賭け」となる。運が良ければ、間近に

ナウマンゾウを見ることができる。海岸は足場が良いとはいえないので、それなりの装備と覚悟をしていくと良いだろう。
　もう一つは、加太港から友ヶ島へと渡る汽船に乗ること。ナウマンゾウが〝出現〟している場合、汽船は加太港を出て北上していく。このとき、進行方向の右を見ていれば、海岸を歩くナウマンゾウを見ることができる。こちらは、城ヶ崎も、深山湾の北部の海岸も、どちらも見ることができるので、〝出現〟したナウマンゾウを見逃すことはまずない。なお、汽船は、ゴールデンウィークと夏季は1日6便、それ以外の季節は1日4便。車で来た場合は、専用の駐車場に駐車しよう。なお、せっかく友ヶ島に渡ったのなら、友ヶ島の観光もお忘れなきよう。大阪湾を守る要塞でもあった友ヶ島には、砲台

跡をはじめとした見所が多い。田中靖規の漫画・アニメ『サマータイムレンダ』の舞台のモデルにもなったこの島で〝聖地巡礼〟をするのも良いかもしれない。

シロウオ漁で恐竜に会って、古生物に舌鼓

和歌山を訪ねるなら、春先が良いかもしれない。

和歌山インターチェンジから阪和自動車道で15分ほど南下して、有田インターチェンジで降りる。国道42号線を湯浅白浜方面へと進んで右折。跨線《こせん》橋を越え、住宅街を抜けて、「広川町民体育館」に設けられた臨時駐車場へ車を駐めよう。あとは案内にしたがって広川沿いまで数分歩けば、そこが目的地。「シロウオ漁」の漁場だ。和歌山インターチェンジからの所用時間は20分強といったところ。ちなみに電車の場合は、ＪＲ紀勢本線の「湯浅」で下車して、広川の河口をめざして歩けば、10分ほどで到着する。

シロウオは、ハゼの仲間の小さな細いサカナ。透明感のあるからだが特徴だ。サケの仲間である「シラウオ」とは異なるので、注意されたい。湯浅町と広川町の境にある広川は、シロウオが産卵のために遡上する川として知られ、河岸にはそのシロウオをすくいとるための、一辺がヒトの背丈もありそうな、四角い大きな網――「四つ手網」が並ぶ。旬は2月中旬から3月下旬で、湯浅町や広川町に春の訪れを告げる風物詩となっている。一般の人々も河岸

に置かれた板の上から見学が可能であり、土日には漁の体験もできる。

〝大出現〟以降、この大きな網に、シロウオ以外の水棲古生物がよくかかるようになった。多いのは、最大で10センチメートル前後のサイズとなる「ナツミコアカザエビ」と、数センチメートルサイズの「パラエガ」、そして、長径5〜6センチメートルの「クリオセラティテス」。

ナツミコアカザエビは現生のアカザエビやロブスターの仲間であり、パラエガはオオグソクムシの仲間だ。クリオセラティテスは異常巻きアンモナイトの一つで、トゲの並ぶ殻は平面的に螺旋を巻きながらもゆるく、内外が接していない。そのため、殻の中心などに〝隙間〟が多い。

そして、最近では、小型のスピノサウルス類も広川を泳ぐようになった。このスピノサウルス類の全長は5メートル弱で、ワニのような顔つき、背中にはトレードマークといえる大きな帆がある。後脚が短く、四肢の長さは前後でさほど変わらない。うなぎのように尾の背が高いことも特徴の一つ。スピノサウルス類の狙いもシロウオのようだが、今のところ、漁を邪魔することはないらしい。

漁で獲れたナツミコアカザエビなどは、シロウオとともに調理され、広川町民体育館の駐車場に設けられた臨時食堂で提供されている。漁を見て、体験し、自分で獲った古生物をその食堂へもっていくこともできる。とくにナツミコアカザエビを使った料理は好評で、その身はシロウオとも相性が良いらしい。

なお、漁のシーズン以外でも、スピノサウルス類は〝出現〟しているようだ。しかし、恐竜に会って、古生物を食べるという貴重な体験を求めるなら、やはり春先を選んで訪問したいところである。

あらぎ島でモササウルス類とアンモナイトを見よう

「あらぎ島」という〝島〟が和歌山県にある。

もっとも、「島」といっても、海や湖に浮かぶそれじゃない。

広川町方面から向かう場合、阪和自動車道の有田インターチェンジ付近まで戻る。ただし、阪和自動車道には入らずに、国道42号線から県道22号線に入って東へ――内陸へ進んでいく。有田川を渡った先で国道４８０号線へ。山間を抜ける道をしばらく進み、道の駅「あらぎの里」の手前で左へ折れる。道の中央線が消え、不安を感じたその先で、大きく右の景色が開ける。

美しい棚田とそれを迂回する「Ｕ字」の有田川。ここが「あらぎ島」だ。

春には、水田が水鏡となり、夏は緑の絨毯、秋には稲穂が黄金色に輝き、冬は雪景色で白く染められる。

道路沿いには小さな展望台と身障者専用の駐車スペースがある。身障者の方以外は、数百メートル手前の左にある駐車場、あるいは、道の駅「あらぎの里」の駐車場に車を駐めて歩いていくと良いだろう。道の駅から歩いても数分で展望台に到着する。

本来、あらぎの里付近の有田川は、河床が見えるほどに水深が浅い……はずなのだが、〝大出現〟以降、あらぎ島周辺域だけ一時的に水量が増える不思議現象が発生するようになった。幸いにして、その増水の数時間前から、あたりには〝霧〟が発生するため、その〝霧〟の発生に注意すれば、水量の増した有田川に落ちるということはない。

このとき、有田川に〝出現〟するのは、全長６メートルほどの「モササウルス類」だ。見た目はどことなく〝どっしりとしたトカゲ感〟があるけれども、四肢は鰭となっており、尾

の先にも鰭がある。完全に水棲適応を果たしている。

　知られている限りほとんどのモササウルス類において、四肢の鰭の長さは、頭部の長さを超えることはない。しかし、有田川に〝出現〟するモササウルス類は、鰭の長さが頭部の長さを上回るという特徴がある。つまり、和歌山県のモササウルス類は、からだの割には鰭が大きいのだ。

　また、そんなモササウルス類とともに、異常巻きアンモナイトの一つである「ディディモセラス・アワジエンゼ」の〝出現〟も確認されている。殻がソフトクリームのように立体螺旋を巻き、最も外周が垂れる……そんなディディモセラス・アワジエンゼだけれども、有田川の個体は〝ソフトクリーム部分〟が高かったり、あるいは、斜めに傾いていたりするものが多い。

幸いにして、増水した水は、不思議と透き通っている。あらぎ島の展望台からその姿を探すことができるだろう。もっとも、ディディモセラス・アワジエンゼまでしっかりと観察したいのであれば、双眼鏡の持参をおすすめする。なお、増水と〝出現〟は、よく晴れた日の日中に多く、数時間ほどでもとに戻るという。絶景と古生物の両方を堪能したいなら、午前中の早い時間に訪ねることが吉だ。簡易椅子を持ち込んで、有田名物のみかんでも食べながらゆっくりと〝出現〟を待つのが良いだろう（それでも〝出現〟しない日もあるので、そこはご了承を）。

橋杭岩《はしぐいいわ》沖を泳ぐ巨大ザメ

和歌山県は南北に細長く、都市部を離れた南紀にも見所は多い。

その代表ともいえるのは、紀伊半島南端近くの「橋杭岩」だ。大小40本ほどの巨岩が、1列になって並んでいる。これは、もともと硬軟両方の岩質であった地層が波の浸食作用によって軟らかい部分が削られ、硬い部分が残ったもの。硬い部分は残りつつも、やはり浸食作用とは無縁ではなく、少しずつ削られている。それは「杭」というよりは、巨大な怪物の口に並ぶ歯のようだ。

あらぎ島の次に橋杭岩を訪ねる場合は、近畿自動車道紀勢線が便利だ。紀伊半島南端の串本の街をめざそう。湯浅御坊道路を降りて東進し、「道の駅くしもと橋杭岩」の駐車場に車を駐める。有田南インターチェンジからの所要時間は2時間弱。なお、JR紀勢本線の串本駅から徒歩25分の位置にあるので、電車利用でもアクセスは可能だ。

もちろん、橋杭岩が見せる絶景を、まずは堪能されたい。

そして、〝大出現〟以降は、道の駅に新設された「観望塔」に登るのを忘れずに。4階建てのビルに相当するこの塔の最上階は展望室となっており、橋杭岩の向こうを望むことができる。

探すのは、サメ類に特有の三角形の背鰭だ。そう、橋杭岩からそう離れていない場所に太古のサメが〝出現〟する。

それもただのサメではない。

その名は、「メガロドン」。巨大ザメの代名詞ともいえる存在だ。今のところ、橋杭岩に〝出現〟する個体はさほど大きなものではなさそうだけれども、なにしろ、成長すれば、全長10メートルを軽く超えるサイズとなる。「迫力」という点では、他を寄せつけないだろう。

もちろん、危険なので遠望するだけだ。〝出現中〟は、地元の漁師たちも沖には出ないという。

ただし、このメガロドンの歯が抜け落ちて、しばしば橋杭岩の〝こちら側〟に打ち上げられる。道の駅では、その歯をアクセサリーに加工して販売しているので、財布の事情が許せば、記念に一つどうだろう。

北ではナウマンゾウが歩き、恐竜やモササウルスが〝出現〟し、そして、南端近くではメガロドンが泳ぐ。そんな和歌山、ぜひ、ご堪能を。

なお、本書に書かれている場所に実際に行ってみたものの、〝生きた古生物〟に会えなかった、という場合でも、著者および出版社は一切の責任を負いかねるので念のため。

第二部

〝こちら〟の世界

旅先で夢想することがある。

ここは、かつて、無数のアンモナイトが泳ぐ海の底だった。水はやや温かく、海の上からは燦々《さんさん》と陽光が降り注ぐ。少し時間が経過すると、蒼《あお》い景色の向こうから、クビナガリュウが泳いでくる。

別の場所には、かつて、森が広がっており、多数のナウマンゾウが歩いている。その群れのそばを、大きなツノのあるシカが駆け抜ける。

こうした景色は、「かつて実在した景色」である。

「夢想」と書いたが、それは根拠のない話ではない。足元の地層を解析すれば、その場所が陸だったのか、海だったのか、どのような環境だったのかがわかる。地層から化石を発見し、その化石を調べることで、かつての生物の姿に迫ることもできる。地質学や古生物学とは、そうした〝過去の景色〟に迫ることができるサイエンスだ。

第一部で綴《つづ》った〝あちらの世界〟は、地質学や古生物学に関わる人々ならば、〝眼にすることができる景色〟だ。「かつてこの場所は海で、〇〇〇のような水棲動物が泳いでいた」という解説は、地質学や古生物学に関わる人々が、その成果を話す際の「常套句《じょうとうく》」ともいえる台詞《せりふ》である。

本書では、その〝専門家が眼にすることができる景色〟を少し〝調理〟して、〝あちらの現代世界〟に古生物を〝出現〟させるという手法をとった。その〝出現〟にあたっての制約条件は、第一部の冒頭で触れた「その古生物の化石が発見された地域に出現する」と「〝出現〟にあたって、古生物各種は、陸域と水域の区別しかしない」である。

　そして、地域の古生物に最も詳しいのは、その地域にある自然史系の博物館の学芸員や研究員たちである。そこで、本企画を実行するにあたり、各地の博物館の学芸員や研究員たちに取材を行った。投げかけた質問は、これだ。

「あなたなら、この制約条件下で、どんな古生物を、どこに〝出現〟させますか？」

　幸いにして、日本各地からは多くの化石が産出する。学芸員や研究員にも、その地元に密着した〝推しの古生物〟がある。その〝推しの古生物〟を〝あちらの世界〟に綴った。

　第二部では、〝推しの古生物〟の〝こちらの世界〟の情報をまとめていこう。〝あちらの世界〟に〝出現〟した古生物たちは、いつの時代を生き、どのような生態だったのか。〝あちらの世界〟を創るにあたって参考にした情報を開示していく。

　あわせて博物館情報も掲載した。ぜひ、本書を読んだのちは、博物館を訪ねて化石を堪能し、地域を訪ね、〝あちらの世界の景色〟をあなたも見てほしい。

関東の章

エピソード1　〝こちらの千葉世界〟の古生物たち

金谷港のイノウエオットセイ

イノウエオットセイは、その学名を「タラッソレオン・イノウエイ（*Thalassoleon inouei*）」という。〝あちらの世界〟においては金谷港に〝出現〟させたが、実際には金谷港から、3・5キロメートルほど南西（鋸山の東南東）に分布する新生代新第三紀中新世《ちゅうしんせい》後期（約630万〜570万年前）の地層から化石が発見された。種小名（学名の二つ目の単語）は、その化石の発見者である井上浩吉さんへの献名だ。今のところ、日本の固有種である。

化石は、頭蓋《ずがい》骨の一部と、左右の下顎《かがく》骨で構成されており、左の下顎骨の長さが20センチメートルほどである。全長はよくわかっていない。

「タラッソレオン」の名前（属名）をもつ種は、他にもいくつか報告されており、本文中で紹介した〝体重300キログラム超の近縁種〟は、メキシコとアメリカから化石が発見されている「タラッソレオン・メキシカヌス（*Thalassoleon mexicanus*）」のことである。

1992年に本種を報告した千葉県立中央博物館（現在は、国立科学博物館所属）の甲能《こうの》直樹さんによると、タラッソレオン・イノウエイは、太平洋の北西沿岸地域における初のタラッソレオン属の報告とされる。本文中の暖流利用の件は、甲能さんのこの論文で指摘された。

鯛の浦のコミナトダイオウグソクムシ

コミナトダイオウグソクムシの学名は、「バチノムス・コミナトエンシス（*Bathynomus kominatoensis*）」である。種小名は化石の産地にちなみ、2016年に命名された。なお、「バチノムス」は、オオグソクムシの仲間たちに共通する属名である。

その化石は、約800万年前（新生代新第三紀中新世後期）のものとされている。化石は一つだけではなく、十数点におよぶ。オオグソクムシの仲間の中で、全長17センチメートル以上の〝超大型種〟の化石が新種として報告されたのは、世界で初めてのことだ。

十数点の化石はすべてからだの後部であることから、脱皮後の殻である可能性が指摘されている。〝あちらの世界〟に〝出現〟した「24センチメートル」というサイズは、この後半部分の殻からの推測値。なお、現在の日本近海には、ダイオウグソクムシの仲間は生息していない。

マザー牧場付近のムカシマンモス

ムカシマンモスの学名は、「マムーサス・プロトマムモンテウス（*Mammuthus protomammonteus*）」。ちなみに、有名なケナガマンモスの学名は、「マムーサス・プリミゲニウス（*Mammuthus primigenius*）」である。同じ「マムーサス」の仲間だけれど、別の種である。

ムカシマンモスは日本各地から報告があり、約110万年前から約70万年前（新生代第四紀の半ば）に生息していたとみられている。千葉県富津《ふっつ》市から発見されたムカシマンモスの臼歯《きゅうし》の化石も、そうした標本の一つで、しかもこの種の創設に用いられた標本である。他に千葉県では君津市産の標本などが知られている。

各地から化石は発見されているものの、全身骨格の復元はなされていない。そのため、本文でもその姿を「謎」と設定した。ちなみに、祖先は北方で暮らしていたとされ、南方系のナウマンゾウとは異なる。

潮干狩り会場のトウキョウホタテ

トウキョウホタテの学名は、「ミズホペクテン・トウキョウエンシス（*Mizuhopecten*

tokyoensis)」。本文中で言及したようにその化石は日本各地から発見されており、木更津市もそうした化石産地の一つ。時代は、新生代新第三紀鮮新世《せんしんせい》から第四紀の更新世《こうしんせい》である。ただし、〝こちらの世界〟では、潮干狩り会場からは発見されていない。

田園地帯のニホンハナガメ

ニホンハナガメの学名は、「オカディア・ニッポニカ（*Ocadia nipponica*）」。館山自動車道木更津北インターチェンジの南東1・5キロメートルに分布する約22万年前の地層から、ほぼ完全な化石が発見されている。現生の近縁種と比較すると、口のかみ合わせ部分が広くて丈夫なつくりになっているなどの特徴がある。なお、本文中で言及した駐車場は、〝こちらの世界〟には存在しない。

成田空港のナウマンゾウ

ナウマンゾウこと「パレオロクソドン・ナウマンニ（*Palaeoloxodon naumanni*）」は、全国各地から化石が発見されている。生態や起源などの情報に関しては、神奈川県の206ページや、北海道の250ページを参考にされたい。

千葉県においても、20か所以上の産地から化石の報告がある。その中でもよく知られているのは、成田国際空港の北方の成田市猿山《さるやま》産の標本と、西方の印旛沼産の標本である。このうち、猿山の標本は頭骨、印旛沼の標本は骨格の半分ほどが残っていた。印旛沼の標本は亜成体とされる。

銚子半島のアンモナイトと琥珀

オーストラリセラスは「*Australiceras*」と書く。日本固有のアンモナイト属ではなく、オーストラリア、イギリス、アルゼンチンなど世界各地から化石の報告がある。銚子半島で化石が発見されている個体は、中生代白亜紀の半ば（約1億2000万年前）のもの。犬吠埼灯台のすぐそばでみつかった。

また、本文にあるように、銚子では白亜紀前期の琥珀が産出し、この地域の縄文遺跡などからも琥珀製品が多数出土している。ただし、街中に琥珀が転がる風景は、あくまでも〝あちらの世界〟の話である点に注意されたい。実際の銚子産虫入琥珀としては、世界で2番目に古いシロアリモドキヤドリバチ科の「チョウシア・ヤマダイ（*Chosia yamadai*）」などが知られている。ちなみに、この属名は化石産地、種小名は発見者である山田勝彦さんに由来する。

千葉県立中央博物館

千葉県の化石に出会いたければ、千葉県立中央博物館へ。

千葉県千葉市中央区にあるこの博物館は、青葉の森公園に隣接し、その駐車場を利用できるほか、周囲にはJRの千葉駅、本千葉駅、蘇我《そが》駅、京成線の京成千葉駅、京成千葉中央駅などの多くの駅がある。自動車、バス、タクシー、徒歩など、自分に適したアクセス方法を選ぶことができる。仕事の関係もあって筆者もよく訪問する博物館であり、その際はJRの千葉駅、あるいは、蘇我駅からタクシーを使うか、自動車で訪問することが多い。

千葉県立中央博物館は、千葉県の地学、生物、歴史などを扱う総合的な博物館。その中で、本書に関係するのは「房総の地学展示室」。圧巻は、成田市猿山で発見された頭骨を元にしたナウマンゾウの全身復元骨格（からだの多くの部分は神奈川県産、東京都産を用いている）だ。台の上に設置されたその標本は、すぐそばから仰ぎ見ることができる。その他、本書に登場した古生物たちのうち、イノウエオットセイとチョウシア以外の化石はすべて常設展示されている（本書執筆時点の情報）。企画展の開催も多く、専用の展示室では、いつもみっちりと楽しい時間を過ごすことができる。

“あちらの世界”で古生物に「出会った」場所は実際にはココ！

『空想トラベルマップ』

千葉県立中央博物館
住所：千葉市中央区青葉町 955-2
電話：043-265-3111
休館日：毎週月曜日（祝日の場合は次の平日）
年末年始（12 月 28 日～1 月 4 日）
開館時間：午前 9 時～午後 4 時 30 分
（ただし入館は午後 4 時まで）
料金：一般 300 円、高・大学生 150 円、中学生以下無料
※企画展・特別展開催期間は別料金 団体料金別途

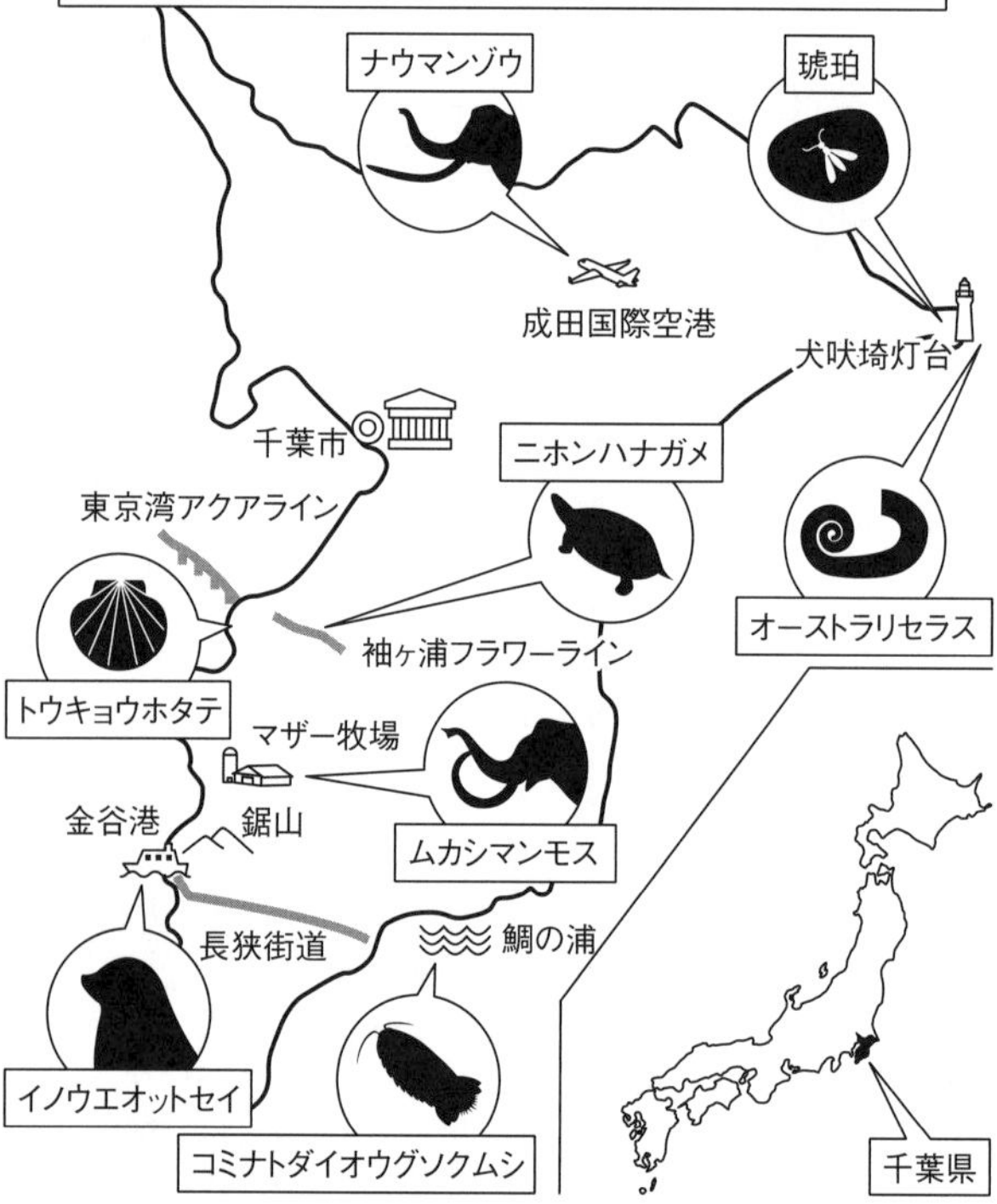

エピソード2　〝こちらの神奈川世界〟の古生物たち

多摩川のトドとアシカ

小田急線の登戸駅近くの多摩川の川底から現生種と同じトド属（*Eumetopias*）とアシカ属（*Zalophus*）の化石が発見されている。ただし、種小名までは同定されていないため、本文中では、現生種を意識して描写した。

トドやアシカの化石が発見された地層は、約130万年前（新生代第四紀更新世）のもの。同じ地層から産出する貝化石などの分析によって、当時、この地域は浅い海の底だったと考えられている。この地域からは、他にも、ハクジラ類やカイギュウ類、さまざまなサカナの化石も発見されている。

ちなみに、本文中で言及している「住民票」は、実際に「アゴヒゲアザラシのタマちゃん」に発行されている。〝こちらの世界〟の「アゴヒゲアザラシのタマちゃん」は、2002年に多摩川の丸子橋に出現したのち、その後、鶴見川へと移った。住民票は、鶴見川の流れる自治体である横浜市から発行された。

海上自衛隊基地のナウマンゾウとニシンとスケトウダラ

ナウマンゾウこと「パレオロクソドン・ナウマンニ（*Palaeoloxodon naumanni*）」は、全国各地から化石が発見されている。

実は、神奈川県は、ナウマンゾウの〝はじまりの地〟だ。

明治維新後、日本には多くの外国人専門家が訪れた。「お雇い外国人」と呼ばれる彼らは、日本の近代教育の礎《いしずえ》を築いていく。そうした専門家の一人が、ドイツ人地質学者のハインリヒ・エドムント・ナウマンである。１８７５年（明治８年）に来日し、１８７７年に東京帝國大学（現在の東京大学）理学部地質学科の初代教授に就任。日本人専門家の育成を開始するとともに、日本全国の地質調査や化石の報告を行った。その活動の一つとして、１８８１年に横須賀市稲岡町白仙山《はくせんやま》から発見されたゾウ類の化石を報告した。これが、最初に報告された〝ナウマンゾウの化石〟だ。ただしこのときは、インドで化石が発見されていた「ナルバダゾウ」こと「エレファス・ナマディクス（*Elephas namadicus*）」と同種とされた。

その後、１９２４年になって、京都帝國大学の横山又次郎教授が浜松市でみつかったゾウ類の化石をエレファス・ナマディクスの亜種として、「エレファス・ナマディクス・ナウマンニ（*Elephas naumanni*）」として報告した。このとき、ナウマンにちなむ名前が与えられた。

そして、研究の進展にともなって、現在の「パレオロクソドン・ナウマンニ」に学名が変更された。

この一連の研究の最初にあたる標本が、横須賀市稲岡町白仙山産の下顎の骨なのだ。

なお、白仙山は現在では米軍基地の敷地内にあたり、産出地の地層はすでに露出していない。本文で、隣接する「海上自衛隊基地だけに〝出現〟する」と〝設定〟した理由は、「日本の古生物は、日本の風景とあわせたい」という本書のコンセプトに基づいている。

神奈川県では、他にも20か所を超えるナウマンゾウの化石産出地があり、とくに藤沢市からはまとまった1体分の化石も発見されている。このナウマンゾウ化石は、産出地点の名称から「天岳院《てんがくいん》のナウマンゾウ」と呼ばれ、学術的価値が高いとされている。神奈川県立生命の星・地球博物館で展示されているナウマンゾウの全身復元骨格は、天岳院のナウマンゾウを中心にして組み立てられたものだ。

ニシンとスケトウダラについては、本文中で紹介しているように現生種の化石が報告されている。2021年、東京海洋大学大学院（現在は、日本海洋生物研究所所属）の三井翔太さんたちが報告した研究では、横須賀市の南にある三浦市の約41万年前（新生代第四紀更新世中期）の地層から発見された耳石《じせき》の化石が注目された。耳石は、種によって形状が異なるため、分類を特定することができるのだ。

本文中で触れたように、ニシンとスケトウダラは北方系のサカナである。そんなサカナが、かつての東京湾周辺海域では泳いでいたのだ。

平山橋を渡るミエゾウとカナガワピテクス

ミエゾウは、学名を「ステゴドン・ミエンシス（*Stegodon miensis*）」という。本文中で触れたように小型のゾウで、その化石は神奈川県だけではなく、日本各地で発見の報告がある。神奈川県においてミエゾウの化石が発見された場所は、平山橋から東北東にさほど離れていないところにある約３００万年前（新生代新第三紀鮮新世後期）の地層だ。なお、「カナガワピテクス（*Kanagawapithecus*）」の化石も同じ地層から発見されている。

ミエゾウの成獣の大きさは、肩高約3・5メートルほどだ。その和名が示すように最初の化石が三重県で発見され、その後、各地で発見されるようになった。愛川町から北北西へ約20キロメートルの東京都あきる野市でも、ミエゾウの化石が発見されている。

カナガワピテクスの化石は、頭蓋骨のみが知られている。１９９１年に化石が発見され、２００５年と２０１２年の研究を経て、独立した属として認められるようになった。日本におけるサルの化石としては、初めての独立属である。分類としては、アフリカからアジアにかけて分布するコロブス類というグループに属しているとされ、〝あちらの世界〟に〝出現〟したカナガワピテクスの描写は、そうした現生種を参考にしている。ただし、京都大学霊長類研究所の西村剛さんたちによる2012年の研究では、既知のコロブス類にはない特徴があるとされ、とくにアジアのコロブス類とは祖先・子孫の関係が見出せていない。実際にはどのような毛色だったのかもわからない。

不思議なカナガワピテクスがいつ・どこから日本にやってきて、神奈川県に到達したのか。どのように暮らしていたのかは、謎に包まれている。

神奈川県立生命の星・地球博物館

箱根登山鉄道入生田《いりうだ》駅から徒歩3分。あるいは、小田原厚木道路の箱根口インターチェンジから車で数分。

箱根の入り口ともいえる場所に、神奈川県立生命の星・地球博物館は位置している。

展示室に入ると1階から3階まで吹き抜けとなった大きな空間に、さまざまな岩石や、恐竜をはじめとする大型の脊椎《せきつい》動物の全身復元骨格がずらりと並んでいる。その展示は「圧巻」の一言。この空間に入っただけで、日常とは切り離された感覚を味わうことができるだろう。

本書に関わる展示に会うためには、1階展示室の奥にあるエスカレーターで3階へ昇る。そこにあるのは、地元密着の「神奈川展示室」だ。

この展示室にも、複数の全身復元骨格がある。「天岳院のナウマンゾウ」をベースにつくられたナウマンゾウが展示されている。ぜひ、その骨格の形状と大きさを実感してほしい。

“あちらの世界”で古生物に「出会った」場所は実際にはココ！

『空想トラベルマップ』

神奈川県立生命の星・地球博物館
住所：神奈川県小田原市入生田 499
電話：0465-21-1515
休館日：毎週月曜日（祝日・振替休日にあたる場合は翌平日）、館内整備日（8 月を除く、原則として毎月第 2 火曜日、12 ～ 2 月の火曜日）、年末年始、燻蒸期間、国民の祝日等の翌日（土日祝日を除く）ほか
開館時間：午前 9 時～午後 4 時 30 分（ただし入館は午後 4 時まで）
料金：20 歳以上 65 歳未満（学生を除く）520 円、15 歳以上 20 歳未満（中学・高校生を除く）300 円、高校生・65 歳以上 100 円、中学生以下無料 ※団体料金別途

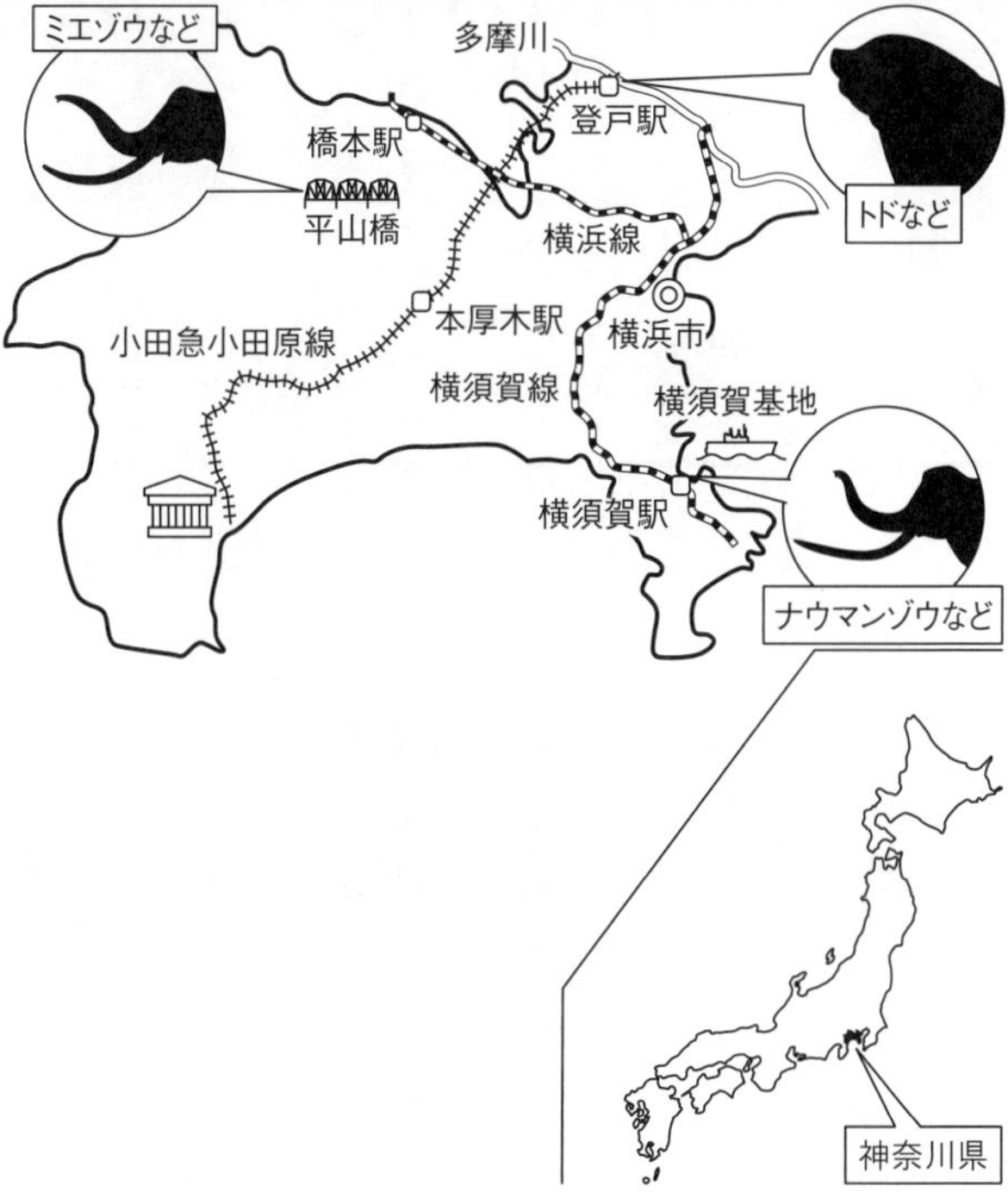

エピソード3　〝こちらの群馬世界〟の古生物たち

富岡製糸場のヤベオオツノジカ

ヤベオオツノジカの学名は、「シノメガケロス・ヤベイ（*Sinomegaceros yabei*）」という。和名の「ヤベ」と種小名の「*yabei*」は、大正から昭和期にかけて活躍した日本の古生物学者、矢部長克さんへの献名である。

ヤベオオツノジカの化石は、日本各地から発見されており、群馬県富岡市もその産地の一つ。富岡製糸場より北北西約3キロメートルの、富岡市上黒岩で発見された。

この富岡市産の化石は、歴史的なドラマをもつ標本として知られている。

化石そのものは、左右揃ったほぼ完全な角《つの》、下顎の骨や肩甲骨などが複数個体分ある。発見・発掘されたのは、徳川第11代将軍家斉《いえなり》の時代にあたる寛政9年（1797年）のこと。翌寛政10年には、発掘地に「龍骨碑」が建立された。なお、「龍骨」とあるものの、当初はこれを「地底で土砂崩れを起こす蛇の骨」と解釈されたという。

その後、この〝蛇の骨〟は、統治者である七日市《なのかいち》藩の藩主である前田利以《としもち》に献上された。

ちなみに、七日市藩は、加賀藩の前田家の分家にあたる。

七日市前田家では、この〝蛇の骨〟を江戸屋敷で保管。そして、寛政12年に幕府の侍医であった丹波元簡《もとやす》の鑑定を受ける。丹波は、〝蛇の骨〟を大型のシカの一種「麋《び》」であると看破し、「後世の研究者が正体を明らかにするだろう」とした。その後、この〝麋の骨〟は、七日市前田家の崇敬社だった富岡の蛇宮《じゃぐう》神社に寄進され、保管された。そして、1960年代になって古生物学者たちの研究対象となり、国立科学博物館でヤベオオツノジカの全身復元骨格をつくる際に、この標本のツノの複製が用いられるに至る。

発掘現場を記す「龍骨碑」、最初の学術的な文献である丹波元簡による「鑑定書」、そして、「化石」。この3点が揃ったものとして、富岡市のヤベオオツノジカは、日本史上最古の存在となっている。さらに「発掘記録」も残っている。

なお、〝あちらの世界〟で、〝出現条件〟に挙げた「小雨」は、神社に寄贈されるきっかけが、「雨乞いの儀式」だったことにちなんでいる。この儀式がなければ、神社に寄贈されることがなく、化石は東京の七日市藩邸で保管され……戦災を受けたかもしれない。

鯉のぼり祭りのスピノサウルス類

神流町は、関東地方を代表する恐竜化石の産地である。白亜紀当時、この地域はユーラシア大陸の東縁に位置しており、かつての太平洋へと流れる三角州があったとみられている。スピノサウルス類の化石は、鯉のぼり祭りの会場から南西へ約9キロメートルほどの地層から発見された。それは、スピノサウルス類に特有の円錐形の歯化石で、これまでに2本報告されている（この2本は、同一個体のものではない）。

2003年に群馬県立自然史博物館の長谷川善和さんたちは、当時知られていた1本の歯を、タイ産のスピノサウルス類である「シャモサウルス（*Siamosaurus*）」のものである可能性が高いと特定した。

シャモサウルスは、全身像などが不明の〝謎のスピノサウルス類〟として知られている。一方、スピノサウルス類で最も有名な「スピノサウルス（*Spinosaurus*）」は、背に大きな帆をもつ魚食の恐竜として知られている。その全長は15メートルに達したとされる。ただし、スピノサウルスに関しては、エジプトで発見された〝最初にして最良の標本〟が第二次世界大戦で消失しており、以降、いくつかの部分化石が発見されているものの、全身像に関しては不明な点が多い。

2014年、そうした部分化石と近縁種のデータをコンピューターに取り込んで、補正を加えて復元するという研究が発表された。この研究によって示されたスピノサウルスの姿は、後脚が短く、四足歩行を行っていたというものであり、その後に発表された一連の研究とあわせて、スピノサウルスの生活の主体は水中にあったとされた。

この〝スピノサウルス水棲説〟には異論も少なくない。そのため、本書執筆現在、〝こちらの世界の学界〟ではまさに議論が展開中である。

本文中で描写したスピノサウルス類の姿は、こうした事情を踏まえ、群馬県立自然史博物館の高桒祐司さん・木村敏之さんと相談して、伝統的な（2014年より前の）復元をベースとしている。

碓氷湖の飛べないハクチョウとイルカ、そして、メガロドン

群馬県は、現在こそ「海なし県」であるものの、かつては広い範囲が海底にあった。本書にあわせて世界観を構築するために、水棲の古生物が〝出現〟する水域については、淡水か海水かは問わないことにしている。

その上で、今回は化石産地に近い碓氷湖を〝あちらの世界〟の海棲種の生息場所に定めた。

アンナカコバネハクチョウの化石は、安中《あんなか》市を流れる碓氷川の河床にある約1150万年前の地層から2000年1月1日に発見された。「アンナカコバネハクチョウ」という名前は、この化石につけられた通称である。その後、2022年になって京都大学の松岡廣繁《ひろしげ》さんと群馬県立自然史博物館の長谷川さんによって新属新種と明らかにされた。このとき、

「アンナカキグナ・ハジメイ（*Annakacygna hajimei*）」の学名が付けられている。

アンナカコバネハクチョウの骨格には、翼が小さく、しかし、前肢の肘《ひじ》を背中側に大きく曲げることなどの特徴がある。こうした特徴から、アンナカコバネハクチョウは、ヒナを背中に「おんぶ」することができたとみられている。また、その食性は濾過《ろか》食であるとみられている。かなり特異な鳥類だったようだ。なお、同時代・同地域には、より大型のアンナカキグナもいたようで、そちらには「アンナカキグナ・ヨシイエンシス（*Annakacygna yoshiiensis*）」の学名が与えられている。

ケントリオドン・ナカジマイは、「*Kentriodon nakajimai*」と学名を綴る。アンナカコバネハクチョウと同じ地層から頭蓋骨などの化石が7個体も発見されている。クジラ類で、同一種のこれほど多くの化石が発見されている例は多くない。本文中で紹介した「深く潜っていることが多い」という生態は、群馬県立自然史博物館の木村さんと長谷川さんによる分析によって、近縁種より高い潜水適応があったと指摘されたことを参考にしている。

ノリスデルフィス・アンナカエンシスの学名の綴りは、「*Norisdelphis annakaensis*」。アンナカコバネハクチョウやケントリオドン・ナカジマイより少し新しい約1130万年前の地層から化石が発見された。マイルカ類に分類され、2020年に木村さんと長谷川さんが本種を報告した時点で、世界最古のものであるという。

メガロドンは、絶滅した巨大ザメとして知られ、その化石は世界各地から発見されている。約1590万年前に出現し、約351万年前まで、海洋生態系の最上位層に君臨したとみられている。ただし、その化石は歯ばかりであり、実は全長値も研究者によって推測される値が異なる。近年では、15メートル前後とされることが多い。姿もよくわかっていないが、かつてはホホジロザメの仲間（*Carcharodon* 属）に分類されたこともあるため、本文では「ホホジロザメ似」と描写した。学名も研究者によっていくつかの表記があり、こちらは「オトダス・メガロドン（*Otodus megalodon*）」とすることが多くなっている。

今回、本文中で紹介したメガロドンの化石は、安中市に分布する地層から発見されたものだ。〝あちらの世界の碓氷湖〟に出現させた他の古生物と同時代のもので、少なくとも27本の歯化石が確認されている。これは、1977年に発見され、1983年に報告された1匹分のもので、日本で発見されたメガロドンの歯群化石としては、最初のものである。

カリビアンビーチのヘリコプリオンとシュードフィリップシア

カリビアンビーチを〝出現地〟として採用した理由も概ね〝あちらの世界の碓氷湖〟と同じである。群馬県東部に海棲種を〝出現〟させる場所として、関東最大級とされる屋内温水プールを選んだ。なお、実際にヘリコプリオンやシュードフィリップシアが生息していたのは、淡水でなければ温水でもないので、注意されたい。

ヘリコプリオンは、「*Helicoprion*」と綴る。その化石は、カリビアンビーチより北東へ約12・5キロメートルの位置にある山中で発見され、古生代ペルム紀の半ば（約2億6700万年前ごろ）のものとされている。

ヘリコプリオンは、本文中でも言及している「螺旋を描いて並ぶ歯」の化石が知られており、アメリカやカナダなどの化石がよく知られている。世界各地のペルム紀の地層から化石が発見されているものの、基本的には希少種である。日本においては、3例ほどの化石が知られ、群馬にはこのうちの1例がある。

不思議な化石であるため、長い間、「サメの歯である」ということ以外は謎に包まれていた。近年になって、アメリカ産の化石が分析され、サメはサメでも、軟骨魚類の全頭《ぜんとう》類のものであることが明らかにされた。全頭類は、いわゆる「ギンザメ」の仲間であり、一般的に「サメ」と言われるサカナたちのグループである「板鰓《ばんさい》類」とは、同じ軟骨魚類の別グループである。

独特の形状の歯と顎は、アンモナイトのような殻をもつ動物を狩ることに向いていたとみられている。殻から軟体部を取り出すのに適していたようだ。アンモナイトは、「頭足類」と呼ばれるグループに分類されている。そのため、〝あちらの世界のカリビアンビーチ〟では、同じ頭足類であるタコを餌として与えている。

シュードフィリップシアは、「*Pseudophillipsia*」と綴る。日本だけではなく、世界各地のペルム紀を代表する三葉虫である。三葉虫類は、約5億３９００万年前に始まった古生代カンブリア紀から歴史のあるグループで、１万種を超える大きな多様性を誇っていた。その中には、全長が50センチメートルを超えるような大型種や、全身をトゲで武装した種もいた。しかし、約3億５９００万年前に始まった古生代石炭紀《せきたんき》以降は、流線型に近いからだをもつグループだけが残り、ペルム紀においても、目立った形態をもつ種は存在していなかった。そして、そのグループも、ペルム紀末に姿を消すことになる。すなわち、シュードフィリップシアは、〝大繁栄をしたグループの最後〟を象徴する存在でもある。

群馬県立自然史博物館

富岡製糸場から国道２５４号を経由して、車で約11分。あるいは、上信越自動車道富岡インターチェンジから約18分。小高い丘の上にあるもみじ平総合公園に、群馬県立自然史博物館がある。公園内には複数の無料駐車場があり、よほどのことがない限り、駐車スペースには困らない。

地球と生命の歴史、そして、群馬県の豊かな自然をテーマとした博物館で、生命史はそのはじまりから人類の台頭まで多彩な展示を楽しむことができる。

　圧巻は、「地球の時代」の展示。トリケラトプスの化石の発掘現場のジオラマがあり、その上を歩くことができる。初めて訪れたときは、ちょっと勇気が必要かもしれない。そして大きなホールには、恐竜や哺乳類などのさまざまな全身復元骨格が並ぶ。ホールの天井近くまで首をのばす巨大恐竜の全身復元骨格は、この博物館の名物といえるだろう。

　本書に関係する展示として見逃すことができないのは、ヤベオオツノジカの関連展示。全身復元骨格やツノの化石、鑑定書のレプリカ（２１３ページ参照）、ジオラマなどが並ぶ。太古の日本を代表する大きなツノを堪能いただきたい。

　企画展は年２回開催されており、古生物のテーマも多い。博物館のウェブサイトなどで事前に調べて訪ねると良いだろう。

“あちらの世界”で古生物に「出会った」場所は実際にはココ!

『空想トラベルマップ』

群馬県立自然史博物館
住所：群馬県富岡市上黒岩 1674-1
電話：0274-60-1200
休館日：毎週月曜日（祝日の場合は翌日）など ※詳しくは HP 参照
開館時間：午前 9 時 30 分～午後 5 時
（ただし入館は午後 4 時 30 分まで）
料金：一般 510 円、大学・高専・高校生 300 円、中学生以下無料
※団体料金別途、企画展開催中は特別料金

北海道の章

エピソード4　〝こちらの沼田世界〟の古生物たち

あんどん祭りのヌマタムカシアシカ、アミノドン、タカハシホタテ

ヌマタムカシアシカは、学名が決まっていない。沼田町の市街地からさほど離れていない場所にある約500万年前の地層から化石が発見された。学名は決まっていないけれども、全身の約7割の骨が確認されているという。脊椎《せきつい》動物で、この割合はかなり良い方だ。

当初、ヌマタムカシアシカはトドに似ているのではないか、との指摘があった。トドは、アシカの仲間であることが、「ヌマタムカシアシカ」という和名の由来となっている。しかし現在の知見では、ヌマタムカシアシカは、アシカよりはセイウチに近いとされている。

アミノドンは、学名を「*Amynodon*」と綴る。沼田町北部にある炭鉱から、歯と上顎の化石が発見された。本文中に記したように、サイの仲間に分類される。アミノドンの化石は、兵庫県や山口県などからもみつかっている。しかし、北海道からは、沼田町だけからしか報告されていない。

タカハシホタテの学名は、「フォルティペクテン・タカハシイ（*Fortipecten*

takahashii)」と書く。その化石の分布域は、北はロシアのカムチャツカ半島、南は福島県までと、かなり広い。各地の化石産地の中でも、沼田町を流れる幌新太刀別川《ほろにいたちべつ》に分布する約400万年前の地層は、化石の多産地としてよく知られている。

二枚貝類の2枚の殻は「右殻《うかく》」と「左殻《さかく》」と呼ばれ、本文中で触れているように、タカハシホタテは右殻が大きく膨らんでいるという特徴がある。この膨らみは成長にともなうものだったことがわかっている。幼いうちは、よくみるホタテガイのように右殻もさほど膨らんでおらず、成長とともに大きくなっていった。この成長にともない、幼少期は遊泳型だったその生態は、海底に横たわるようになり、右殻を海底に埋めるようになったとみられている。

ホロピリ湖のヌマタネズミイルカ、ヌマタナガスクジラ、ハーペトケタス

ヌマタネズミイルカの学名は、「ヌマタフォーシナ・ヤマシタイ（*Numataphocoena yamashitai*）」。幌新太刀別川の河床にある約400万年前の地層から化石が発見された。全身がほぼ連結した状態という、極めて良好な化石だった。和名が示すように、「ネズミイルカ類」に分類される。

化石の保存の状態が良ければ、わかることも多い。この個体に関しては、死後は腹を上にした、仰向《あおむ》けの状態で浮かんでいたこと、その後、海底に沈み、そのとき、からだが回転して、首がもげたことなどが明らかにされている。

ヌマタナガスクジラは、学名を「ミオバラエノプテラ・ヌマタエンシス（*Miobalaenoptera numataensis*）」という。沼田町を流れる雨竜川の底に分布する約650万年前の地層から化石が発見されている。

化石は、幅約1メートルの頭骨など。からだの化石はみつかっていない。しかし、この頭骨から、「ナガスクジラ類」という所属分類群と、約7メートルという推測全長が算出されている。

ハーペトケタスは、「*Herpetocetus*」と書く。沼田町でみつかった化石は、厳密な種名までは確定していないため、種小名はついていない。ヒゲクジラ類に分類される絶滅グループの一つ。約700万年前に登場し、約100万年前に姿を消した。その化石は、アメリカ、ベルギー、日本、チリなどから報告されている。この「約700万年前に登場し」という記録こそが、沼田町産の標本によるもの。つまり、「世界最古のハーペトケタスの化石」が、沼田町から発見されている化石なのだ。なお、町内からは、「約400万年前のハーペトケタス」の化石も発見されている。

本文中でも示唆したように、ハーペトケタスの仲間は、ヒゲクジラ類ではとくに小型種ばかりが属していることでも知られている。「ヒゲクジラ類」といえば、全長30メートル級のシロナガスクジラをはじめとして、全長10メートル超級の大型種を多数含むグループだ。しかし、ハーペトケタスの仲間は、大きなものでも全長4メートルほどしかない。なお、沼田町の「世界最古のハーペトケタス」は幼体のもので、かなり貴重な存在である。謎の多いこのグループを紐解《ひもと》いていく、更なる手がかりとなるかもしれない。

沼田町化石館

沼田町の化石に会いたいのなら、町の北部にある沼田町化石館の「化石体験館」が良いだろう。

本文中にあるように旭川空港でレンタカーを借りて、湯内峠を経由してのアクセスがおすすめだ。

なお、電車の場合は、石狩沼田駅で下車したのち、駅前で「幌新《ほろしん》温泉」行きの町営バスに乗って、終点の「幌新温泉」で降りる。バスは1日5便しか出ていないので、あらかじめ時刻表をチェックしておいた方が良い。

沼田町化石館「化石体験館」は、木造の吹き抜け空間に、ヌマタネズミイルカやヌマタナガスクジラをはじめ、デスモスチルス、ヌマタネズカイギュウといった哺乳類のほか、クビナガリュウ類とモササウルス類などの骨格標本が所狭しと展示されている。もちろん、タカハシホタテの展示も充実している。このあたり、「さすが、多産地」というべきだろう。レプリカづくりなどの体験メニューもある。なお、沼田町化石館には、「レプリカ工房」もあり、そちらは市街地に位置している。「レプリカ工房」では化石を見ることはできないので、注意が必要だ。

ちなみに、〝あちらの世界〟でクジラたちが出現する「ホロピリ湖」は、沼田町化石館「化石体験館」から車で北へ10分弱の距離。自動車で訪館したのなら、足を伸ばしても良いかもしれない。

“あちらの世界”で古生物に「出会った」場所は実際にはココ！

『空想トラベルマップ』

沼田町化石館
住所：北海道雨竜郡沼田町幌新 381－1
電話：0164-35-1029
開館期間：4 月 29 日～ 11 月 3 日
休館日：毎週月曜日（月曜が祝日の場合は開館）、祝日の翌日（連休は最後の祝日の翌日）
開館時間：午前 9 時 30 分～午後 4 時
料金：一般 500 円、小・中・高校生 300 円 ※団体、優待料金別途

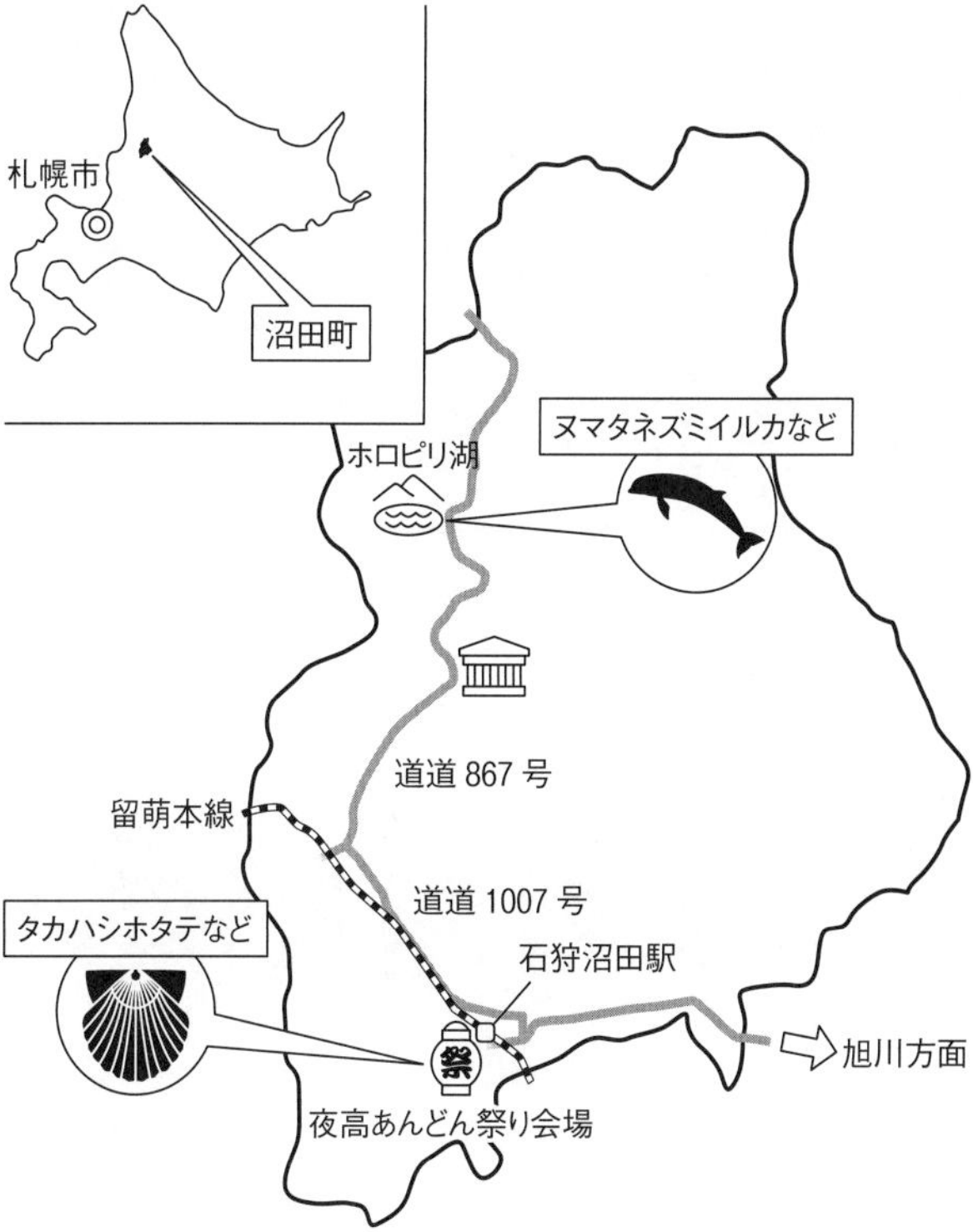

エピソード5　〝こちらの中川世界〟の古生物たち

中川町エコミュージアムセンターのパラリテリジノサウルス

パラリテリジノサウルスの化石は、中川町エコミュージアムセンターの南西4キロメートルほどの山中、天塩川の支流の一つである安平志内川《あべしないがわ》のさらにその支流であるルベシベ川に分布する約8300万年前（中生代白亜紀後期）の地層から発見された。

化石は右手の一部が残されたもので、2000年に発見され、2006年には、早稲田大学の村上瑞季さんたちによって、「テリジノサウルス類」というグループのものであると学会で報告されていた。

しかし2008年に村上さんたちが発表した論文では、テリジノサウルス類とまでは絞り込まれず、「マニラプトル類」というより広い分類群とされている。

その後、2022年になって北海道大学の小林快次《よしつぐ》さんたちによって再研究が発表され、新属新種と認定された。このときにつけられた学名は、「パラリテリジノサウルス・ジャポニクス（*Paralitherizinosaurus japonicus*）」。「*Parali*」は、ギリシャ語の「海の近く

(*Paralos*)」に由来するもので、この化石が海の地層から発見されたことにちなんでいる。

パラリテリジノサウルスは、その名前が示すように、かつて村上さんたちが指摘したテリジノサウルス類に属している。このグループの代表であるテリジノサウルス(*Therizinosaurus*)は「長爪」を特徴とする植物食の恐竜で、モンゴルから化石が発見されている。テリジノサウルス類そのものはアジア各地に生息し、日本でも複数の化石が発見されている。恐竜時代の日本でよくみられる恐竜グループだったのかもしれない。なお、小林さんたちの分析によると、パラリテリジノサウルスは進化的なテリジノサウルス類で、手の指はあまり曲がらず、おそらく熊手のように指を使って、近くの枝をたぐりよせていたと指摘されている。そうして、葉を食べていたとのことだ。

天塩川のナクウとイカ、イルカ、ニシン、カニ、アンモナイト

ナクウの化石は、中川町エコミュージアムセンターの南南西6・5キロメートルほどの山中、安平志内川の支流に分布する白亜紀後期の地層から化石が発見されている。「ナクウ(NaQoo)」は愛称であり、学名はまだない。1998年に香川大学の小川香さんと仲谷英夫さんが発表した研究によって、クビナガリュウ類の中でもエラスモサウルス類というグループに属し、そして、アメリカから化石が発見されている「モレノサウルス(*Moreno saurus*)」に近縁とされている。

エゾダイオウイカも、安平志内川の支流の白亜紀後期の地層から化石が発見された。発見された化石は、「顎」の部分。イカやタコなどの頭足類のからだはやわらかいために化石に残りにくいが、顎は硬組織でできているために化石として残る。この顎器から分類や全長の推定がある程度は可能であり、エゾダイオウイカの「5メートル超」という値も、この顎器に基づいている。なお、エゾダイオウイカは和名であり、2006年に東京大学の棚部一成さんたちによって「エゾテウシス・ギガンテウス（*Yezoteuthis giganteus*）」の学名が与えられている。

ニシノネズミイルカも和名。学名は、「ミオフォカエナ・ニシノイ（*Miophocaena nishinoi*）」で、2012年に村上さんたちによって命名されている。化石は1970年代ごろに中川町の西部を流れる川で採集されたもので、その後、中川町エコミュージアムセンターで保管されていた。村上さんたちの研究によって約640万年前～約550万年前の新生代新第三紀中新世後期のものと判明した。和名が示すようにネズミイルカ類の仲間であり、北西太平洋における最古の記録と位置付けられている。ネズミイルカ類の〝北西太平洋起源〟の可能性を示す貴重な化石とされる。なお、和名の「ニシノ」と、学名の「ニシノイ（*nishinoi*）」は、発見者の西野孝信さんにちなんでいる。

ナカガワニシンも和名だ。中川町エコミュージアムセンターの北を流れる天塩川の支流、ニオ川。その支流である右の沢川に分布する約9000万年前（白亜紀後期）の地層から2004年に発見され、2012年に北九州市立自然史・歴史博物館の籔本美孝さんたちの研究によって「アプソペリックス・ミヤザキイ（*Apsopelix miyazakii*）」の学名がつけられた。「ミヤザキイ」は、発見者の宮崎明朗さんにちなんでいる。

ナカガワニシンは、「NMV‐65」と標本番号がつけられた化石に一見の価値がある。立体的にその姿が残されているのだ。

肋骨という〝籠《かご》〟で保護されている陸上脊椎動物と異なり、サカナにはそうした骨がない。そのため、死後に化石となったとき、サカナは往々にしてぺしゃんこに平たくなっている。

しかし、「NMV‐65」は鱗《うろこ》が残り、立体的なのだ。まるで、死んだばかりのようである。

こうした〝立体的なサカナの標本〟は、ブラジルのものがよく知られている。ブラジルの〝立体的なサカナの標本〟は、死後にかなりすばやく化石化が進んだことで立体感が保たれていたという見方がある。あまりにも速いその化石化は、「メデューサ・エフェクト」と呼ばれている。「NMV‐65」も、その化石化には、何か特殊な作用が起きていたのかもしれない。ちなみに、「メデューサ」とは、蛇の髪をもち、その姿を見たものを石に変えるというギリシア神話の怪物のことだ。

ナカガワイチョウガニも和名。千葉県立中央博物館の加藤久佳さんと、中川町エコミュージアムセンターの疋田吉識《ひきだよしのり》さんによって命名された学名は、「キャンサー・ロマレオン・ナカガワエンシス（*Cancer*（*Romaleon*）*nakagawaensis*）」。安平志内川の支流にあたるワッカウエンベツ川の河原で化石が発見された。約1600万年前（中新世の中期）のものとみられている。名前のとおり、甲羅の形がイチョウの葉に似ている「イチョウガニ」の仲間。ナカガワイチョウガニは、イチョウガニ類において、北太平洋地域の最古の記録となっている。温暖な海域に生息していたとみられていることから、かつての中川町が暖かかったことを示す証人ともされている。

そして、中川町は、アンモナイト化石が多産することでもよく知られている。多様なアンモナイトが発見されている中で、本文中では天塩川にその名が由来する「テシオイテス（*Teshioites*）」を挙げた。

なお、アンモナイトの殻の内部には「気室」と呼ばれる部屋が並んでおり、軟体部は殻口部分のさほど広くない空間にほぼ限定されている。そのため、巻貝のように「殻の奥まで身が詰まっている」というわけではない。アンモナイトの料理に関しては、技術評論社から2019年に上梓した拙著『古生物食堂』でも詳しく言及しているので、ご興味をもたれた方は、ぜひ、同書をご覧いただきたい。

ポンピラ・アクア・リズイングの化学合成群集

本文中で紹介した化学合成群集の化石は、安平志内川の複数の場所で確認されている。金沢大学のロバート・G・ジェンキンズさんによる一連の研究がよく知られている。本文中で言及しているように、いわば、「白亜紀の海底温泉の化石」とみられている。

中川町エコミュージアムセンターのサイトから、「バーチャルツアー」として、化学合成群集を見ることのできる「大曲石灰岩島」にアクセスできる。ぜひ、確認されたい。なお、ポンピラ・アクア・リズイングの「ポンピラ」は、アイヌ語で「小さな崖」の意味だ。

中川町エコミュージアムセンター

中川町で化石といえば、〝あちらの世界〟でパラリテリジノサウルスが〝出現〟するエコミュージアムセンターだ。

アクセスは、本文中で言及したように、車が一番便利。電車の場合は、JR宗谷本線の佐《さ》久《く》駅から歩くという方法がある。ただし、その場合は、途中駅での乗り換えなどを事前に確認した方が良い。なお、佐久駅から歩いた場合は、20分ほど。

閉校した中学校を利用してつくられた自然誌博物館であるエコミュージアムセンターでは、

主に旧体育館に化石が展示されている。クビナガリュウ類の全身復元骨格をはじめ、パラリテリジノサウルスの化石など、本文で紹介したすべての古生物の化石を見ることができる。もちろん、紹介した化石はほんの一部で、アンモナイトをはじめとして、とくに白亜紀の古生物の展示が充実している。

旧校舎は、〝あちらの世界〟と同じように宿泊型の研修施設となっている。研修を目的とした10名以上のグループであれば、利用できる。興味がある場合は、1か月以上前に、エコミュージアムセンターに問い合わせを。

なお、公式ホームページのバーチャルツアーを訪問前に一度見て、気分を上げておくのも良いかもしれない。

“あちらの世界”で古生物に「出会った」場所は実際にはココ！

『空想トラベルマップ』

中川町エコミュージアムセンター・中川町自然誌博物館
住所：北海道中川郡中川町字安川 28－9
電話：01656－8－5133
休館日：毎週月曜日（冬季は土日祝）、年末年始（12 月 29 日～1 月 7 日）
開館時間：午前 9 時 30 分～午後 4 時 30 分
料金：高校生・大学生・大人 200 円、中学生以下無料 ※団体料金別途

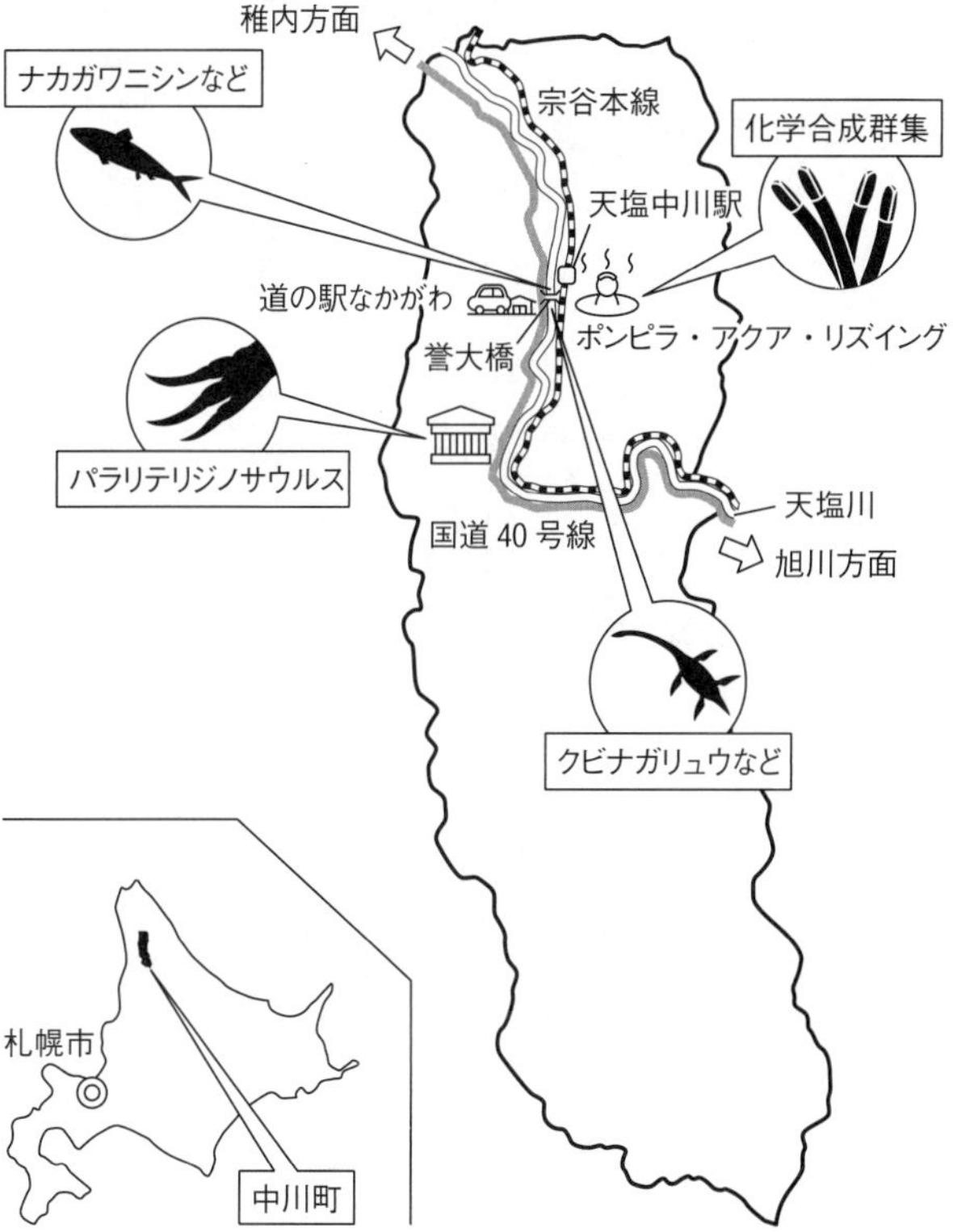

エピソード6　〝こちらの三笠世界〟の古生物たち

桂沢湖のアンモナイトとモササウルス類、そして水鳥

北海道は世界的な「アンモナイト多産地」であり、多様なアンモナイト類の化石が豊富に産出する。その中でも三笠市とその周辺地域は、とくに多くの化石が産出し、本文中で言及しているように、三笠市は「アンモナイトの街」として国内外によく知られている。桂沢湖やその周辺も、まさしくアンモナイト類がよく採れる地域だ。

今回は、そうしたアンモナイト類の中で巨大さで知られる「パキデスモセラス」、特徴的な肋と突起をもつ「シャーペイセラス」、そして、異常巻きアンモナイトの「ニッポニテス」を紹介した。それぞれのアルファベットの綴りは、「*Pachydesmoceras*」「*Sharpeiceras*」「*Nipponites*」と書く。

このうちのニッポニテスは、日本を代表する化石の一つ。１９０４年に東京帝國大学の矢部長克《ひさかつ》さんによって報告・命名された。20世紀の半ばまでは、その独特の形状から「奇形ではないか」などと、その特殊さを指摘する声もあったものの、実は１９０４年の段階ですで

に矢部さんによって、殻の巻き方に規則性があることが指摘されている。1980年代には愛媛大学の岡本隆さんによって、その規則性が数式で表現できることが明らかにされ、独特の形状は、極めて理論的であることが示された。つまり、奇形ではないことがはっきりとしたのだ。

また、ニッポニテスの化石自体、珍しくはあるものの、けっして希少ではない。日本各地の博物館で実物が展示されているし、愛好家たちも少なからず所有している。そもそも、生物が死んで化石となること自体が極めて確率が低いとみなされていることを鑑《かんが》みれば、その化石が発見されただけでも、往時には相当数の個体が生息していた可能性が高い。そうした視点からみれば、〝一定の成功〟を得ていたといえるだろう。けっして、〝進化の袋小路〟的な存在ではないし、ましてや〝ざんねんな存在〟でもないのだ。本文中のニッポニテスに関するさまざまな記述は、こうした背景に基づいている。なお、ニッポニテスは日本古生物学会のシンボルマークであり、矢部さんが論文を発表した10月15日は、「化石の日」として、化石に親しむ日とされている。

パキデスモセラス、シャーペイセラス、ニッポニテスの3種は、いずれも白亜紀後期のアンモナイトだけれども、より細分化された時代区分でみれば、パキデスモセラスとニッポニテスの方が、シャーペイセラスよりもやや新しい。

なお、異常巻きアンモナイトは、もちろん、ニッポニテスだけではない。北海道からは多様な異常巻きアンモナイトの化石が産出する。異常巻きアンモナイトの化石は、三笠市立博物館を含む北海道の各博物館で見ることができるほか、日本古生物学会は、ウェブ上で「異常巻き3D化石図鑑」を公開しており、日本各地の博物館が所蔵するさまざまな異常巻きアンモナイトを見ることができる。他にも、例えば、本書の刊行から1か月ほどのちに技術評論社から上梓する予定の『地球生命　無脊椎の興亡史』をぜひ、ご覧いただきたい。

さて、〝あちらの世界〟で桂沢湖を泳いでいた「エゾミカサリュウ」は、学名を「タニファサウルス・ミカサエンシス（*Taniwhasaurus mikasaensis*）」という。実は、いささか〝物語〟をもつ古生物である。

1976年に三笠市内でその化石が発見された当初、「肉食恐竜の化石ではないか」として、大いに注目された。1976年といえば、まだ日本で恐竜化石らしい恐竜化石の発見がなかった頃の話である。そんな黎明期《れいめい》に発見された大きな顎の一部と、そこに並ぶ鋭い歯の化石は、たしかに迫力がある。

ただし、学術的な分析がなされたものではなく、あくまでも「ではないか」という指摘だけだ。しかし、報道は大きくなされた。当時は、肉食恐竜の中でも「ティラノサウルスの仲間のものではないか」とさえされた。結果、街をあげて〝お祭り騒ぎ〟となっただけではなく、翌年には国が天然記念物に指定するというところまで進む。

しかしその後、1989年になって肉食恐竜ではなく、「モササウルス類」の化石であることが指摘され、「恐竜はトカゲだった」との報道がなされた。

モササウルス類は、たしかにトカゲに近縁のグループではある。ただし、トカゲ類とは異なり、すべて水棲種で、大きな種では全長15メートル級の巨体をもっていた。白亜紀の半ばに登場し、瞬く間に海洋生態系を駆け上がり、その頂点に君臨した「海の覇者たち」だ。そして、白亜紀の終了とともに姿を消した。〝こちらの世界〟では、生きている個体は確認されていない。今日では、映画『ジュラシック・ワールド』に登場し、多くのファンを集める存在だけれども、当時は「トカゲに近縁」という部分だけが注目された。

そして、2008年になって初めて、アルバータ大学（カナダ）のミカエル・W・キャルドウェルさんたちによって学術論文が発表された。新種のモササウルス類であると明らかになり、学名がついたのである。

タニファサウルス・ミカサエンシスとは、既知のタニファサウルスの仲間（同属）で、しかし、既知のタニファサウルスの仲間にはない特徴を備えていることを示す名前だ。専門家が注目したのは、既知のタニファサウルスの仲間の化石はすべて南半球から発見されていること、そして、そうした仲間と比べるとミカサエンシスは、最も古いことだった。つまり、南半球にしか生息していなかったとされるタニファサウルスの仲間が、実は南北両半球に生息し、あまつさえ、その起源がかつての北海道近辺だった可能性があることを示したのである。学術的には、〝定説〟が覆《くつがえ》った瞬間だった。

いずれにしろ、エゾミカサリュウとタニファサウルス・ミカサエンシスの例は、学術論文が発表される前に、報道が先行する危険性を知らしめた一件といえるかもしれない。このあたりの経緯は、2009年に読売新聞の笹沢教一さんが著した『ニッポンの恐竜』に詳しくまとめられている。

チュプカオルニスは〝フルネーム〟の学名を「チュプカオルニス・ケラオルム（*Chupkaornis keraorum*）」と書く。2017年に北海道大学大学院（当時。現在は兵庫県立人と自然の博物館所属）の田中公教さんたちによって命名された。桂沢湖に流れ込む沢の一つからその化石が発見された。本文中で紹介しているように「ヘスペロルニス類」という絶滅鳥類の一員。このグループの鳥は、飛ぶことはできず、水中に潜ることができたとされる。チュプカオルニスは、そんなヘスペロルニス類の中でも原始的な存在とされる。

なお、「桂沢湖古生物広場」は、〝あちらの世界〟だけの施設である（今のところ）。

三笠レストランの巨大牡蠣

コンボウガキの学名は、「コンボストレア・コンボ（*Konbostrea konbo*）」と書く。三笠市だけではなく、北海道各地、岩手県、福島県などの各地に分布する白亜紀後期の地層から化石が発見されている。

本文中で紹介したように、その殻は、泥が降り積もる海底で、その泥に埋もれないように上へ上へと成長した結果、長くなったとみられており、軟体部が入るスペースは、その上端部にしかないという特徴がある。なお、三笠レストランは〝あちらの世界〟の存在だが、〝こちらの世界〟には同じ場所に、そのモデルとなった「三笠高校生レストラン」がある。ただし、三笠高校生レストランには、コンボウガキのメニューはないので念のためご注意されたい。

博物館の裏の〝メタセコイアの道〟

メタセコイア（*Metasequoia*）は、本文中で触れているように「生きている化石」であり、〝こちらの世界〟でも、三笠市立博物館前に植樹されている。もっとも、全国各地に植樹されているので、「見たことがある」人は少なくないかもしれない。なお、三笠市立博物館では、三笠市内で発見された「メタセコイアの葉化石」も展示されている。

石炭博物館のノドサウルス

ノドサウルス類の化石は、1995年に夕張川の支流の一つに分布する白亜紀後期の地層から発見された。頭骨の一部と歯が残されており、2005年に元・三笠市立博物館の早川浩司さんたちによって、ノドサウルス類のものと特定されている。ちなみに、早川さんは筆者の化石の師匠の一人（故人）。

鎧竜類は、アンキロサウルス（*Ankylosaurus*）に代表され、尾の先が〝棍棒〟となっている「アンキロサウルス類」と、〝棍棒〟のないノドサウルス類に分類される。ノドサウルス類はアジアではほとんど知られておらず、夕張川の支流で発見されたその化石は、かなり希少性の高い標本とされている。

三笠市立博物館

本文中で紹介したすべての古生物の化石が展示されている施設が、三笠市立博物館だ。そのアクセスは、車を使う方法が定番。本文中で紹介した札幌からのアクセスのほか、道外からは新千歳空港でレンタカーを借りる方法もある。この場合、一般道で1時間半ほどで到着する。

建物は、左右に長く、一部が2階建て。このうち、基本的には1階のホールのように広いの圧巻は「展示室1」で化石を堪能することができる。整然と並ぶ巨大なパキデスモセラスは圧巻の一言。また、各アンモナイトに関するやや専門的な分類のポイントを記した解説も楽しい。日本のアンモナイトを語る上で、絶対に欠かすことのできない博物館といえる。

エゾミカサリュウに関しては、筆者も多くの企画で取材しているシンシナティ大学（アメリカ）の小西卓哉さんの監修のもと、フィギュアで有名な海洋堂の造形師の古田悟郎さんが制作したエゾミカサリュウの全身復元模型も展示されている。こちらも必見だ。

なお、〝あちらの世界〟でメタセコイアが繁茂した野外博物館も〝こちらの世界〟に実在する。三笠市立博物館の駐車場に車を置いて歩いて行くことが可能なので、ぜひ、足を伸ばしてほしい。

“あちらの世界”で古生物に「出会った」場所は実際にはココ！

『空想トラベルマップ』

三笠市立博物館
住所：北海道三笠市幾春別錦町 1-212-1
電話：01267-6-7545
休館日：毎週月曜日（祝日の場合は翌平日）、年末年始（12 月 30 日～1 月 4 日）
開館時間：午前 9 時～午後 5 時
（入館は午後 4 時 30 分まで）
料金：一般（高校生以上）450 円、小・中学生 150 円、小学生未満無料 ※団体料金別途

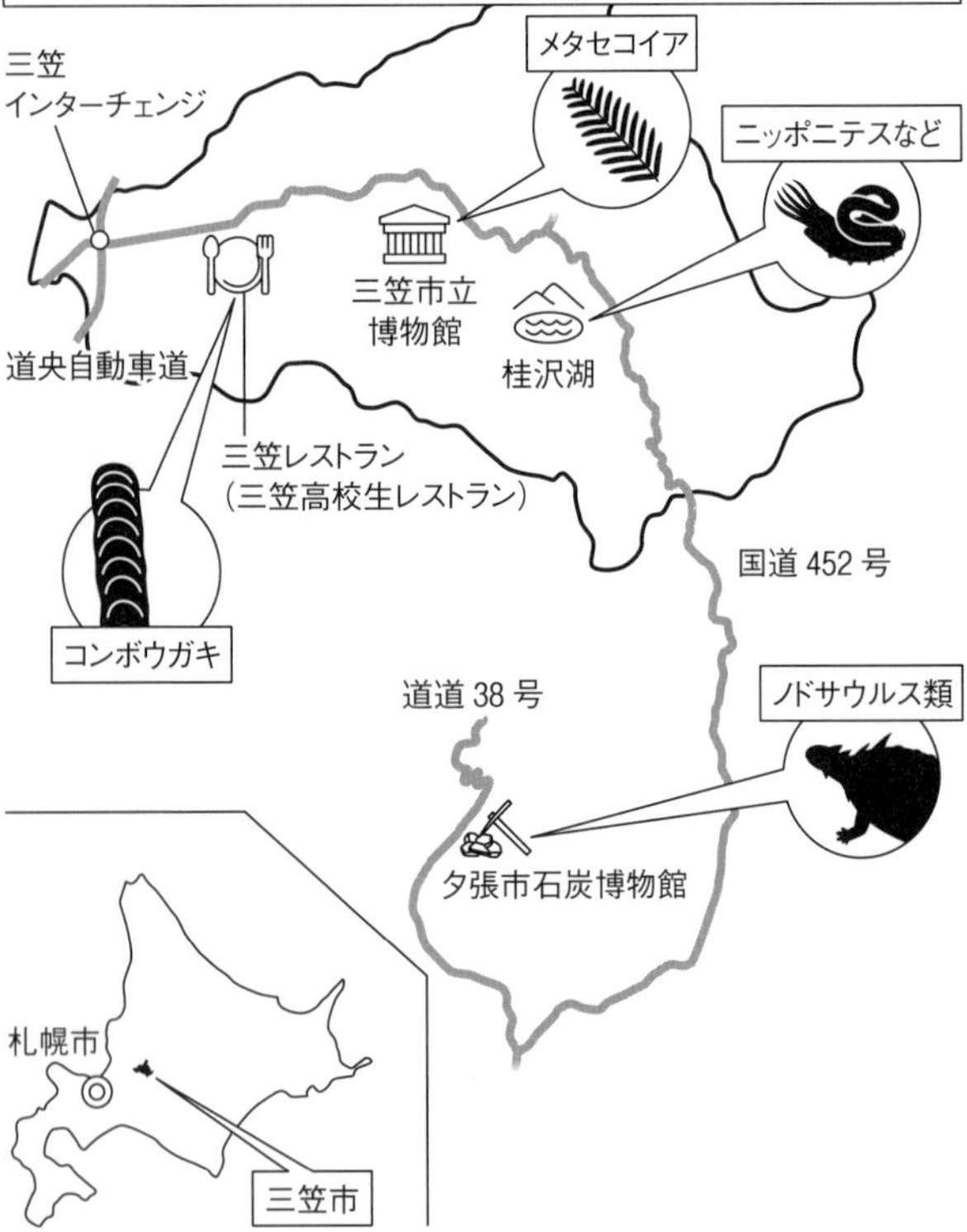

エピソード7 〝こちらの札幌世界〟の古生物たち

さっぽろ湖のセミクジラとサッポロカイギュウ

さっぽろ湖に登場したセミクジラは、正確には「セミクジラ類（科）の一種」とされている。分類に関しての詳細な研究はこれからであり、学名はまだついていない。その化石は、定山渓を貫き流れ下る豊平川の中流域の河床から発見され、頭部の一部などを欠くものの、全身の多くの部位が残っていた。900万年以上前のものとされている。札幌市博物館活動センターの古沢仁さんが2017年の日本古生物学会年会で報告したところによれば、セミクジラ類は数千万年前の新生代新第三紀中新世前期に起源をもつという。初期のセミクジラ類は、全長6メートルほどだったが、そののち、現生種にみられるような全長15メートルから18メートル級に進化を遂げた。中新世後期に生息し、全長が10メートルを超えるとされる〝豊平川のセミクジラ〟は、セミクジラ類の進化の謎に迫る手がかりとして注目されている。

サッポロカイギュウの化石は、セミクジラの化石の500メートルほど下流の豊平川の河床から発見されている（発見史としては、サッポロカイギュウの方が先だ）。化石は、肋骨や胸椎《きょうつい》などの第1標本をはじめ、合計で5標本がある。

古沢さんの分析の結果、サッポロカイギュウは18世紀に絶滅した大型カイギュウである「ステラーカイギュウ」こと「ヒドロダマリス・ギガス（*Hydrodamalis gigas*）」に近縁とのことだ。ただし、現時点では、サッポロカイギュウに独自の名前がついているわけではないため、学術上は「～の一種」を意味する「sp.」をつけて「ヒドロダマリスの一種（*Hydrodamalis* sp.）」と表記されている。

サッポロカイギュウの化石は、約820万年前の中新世後期のものとされている。この年代が重要だ。

一般に、からだが大きい動物は寒さに強く、小さい動物は寒さに弱い傾向があるとされる。これは、一般家庭でも簡単な実験で体感できる。コーヒーカップと風呂の湯船を、同じ温度のお湯で満たしてみればいい。どちらが長くその温度を保っていられるだろうか。

サッポロカイギュウの出現よりも少し前、北太平洋北部には、全長4メートルほどのカイギュウ類が生息していた。古沢さんによると、「ドゥシシレン（*Dusisiren*）」と呼ばれる彼らの仲間は、海藻を毟《むし》り取って食べて生きていたという。

中新世後期、ドゥシシレンの仲間たちから、海藻を擦《こす》り潰して食べるヒドロダマリスの仲間が進化した。ヒドロダマリスの仲間の消化効率は高く、結果としてからだが大きくなっていく。当時、世界は寒冷化していき、やがて、寒さに弱い小柄なドゥシシレンの仲間が滅んで、寒さに強いヒドロダマリスの仲間が生き残ったとされている。サッポロカイギュウは、まさにその「時代の転換期」のカイギュウ類として、注目されているのだ。なお、このあたりは、技術評論社より上梓した拙著『地球生命　水際の興亡史』でも詳しく記しているので、興味をもたれた方はぜひ同書を開いていただきたい。

セミクジラ類の進化、カイギュウ類の進化。ともに大きな手がかりとなる古生物が、かつての〝札幌の海〟に生息していたのだ。

石狩川のステラーカイギュウ

ステラーカイギュウこと「ヒドロダマリス・ギガス（*Hydrodamalis gigas*）」は、本文で紹介したように、18世紀までその存在が確認されていたカイギュウ類だ。ステラーカイギュウの化石そのものは、数十万年以上前の新生代第四紀更新世の地層からも発見されている。その意味では、「近代に滅んだ古生物」といえるかもしれない。

さて、〝あちらの世界〟で石狩川に〝出現〟したステラーカイギュウは、実は石狩川やその近郊で化石が発見されているわけではない。化石は、〝出現地点〟よりも南へ20キロメートル近く離れた北広島市音江別川《おとえべつ》流域で発見されている。音江別川は千歳川の支流、千歳川は石狩川の支流である。音江別川や千歳川は、仮に増水したとしてもステラーカイギュウが生息できる深さになるとはみられないことから、石狩川への〝出現《設定》〟となった。

北広島市のステラーカイギュウの化石は、更新世前期末、あるいは、更新世中期初頭のものとされる。頭骨や肋骨などが残っており、こうした部位の分析から、ステラーカイギュウとしては中サイズのものと推測された。ただし、本文中で言及したように、未成熟で若い個体とされており、仮に成熟すれば、もっと大きくなったであろうことは想像に難《かた》くない。

野球場にケナガマンモスとナウマンゾウ

北広島市からは多くの化石が発見されており、その多くは研究途上にある。今回、〝あちらの世界〟に〝出現〟した「ケナガマンモス」こと「マムーサス・プリミゲニウス（*Mammuthus primigenius*）」と「ナウマンゾウ」こと「パレオロクソドン・ナウマンニ（*Palaeoloxodon naumanni*）」もそうした化石の一つ。2013年に北海道開拓記念館（現在は、幕別《まくべつ》町教育委員会所属）の添田雄二さんたちが報告した研究によって、ともに約4万5000年前の第四紀更新世後期のものと分析されている。

南方系のゾウであるナウマンゾウは津軽海峡を泳いで渡って北海道に到達したとみられているが、北方系のゾウであるケナガマンモスは津軽海峡を泳いで本州へ南下することはなかった。北方系と南方系がせめぎ合う最前線が、当時の北海道にあったことになる。

添田さんたちの分析をシンプルにみると北広島市で両種が共存していたようにみえる。しかし、分析結果は「約」を伴っており、つまり、年代の幅がある。そのため、短期間に両者の入れ替わりがあったのか、あるいは本当に共存していたのか、議論が続いている。なお、共存していた場合、そのときの北広島市の植生は、ケナガマンモスが好む草原でも、ナウマンゾウが好む針広混交林（針葉樹と広葉樹が混ざった森林）でもなく、針葉樹だったようだ。〝好む植生〟ではなくても、十分生きていくことができたということになる。

このあたりは、技術評論社から上梓した『古第三紀・新第三紀・第四紀の生物　下巻』で詳しくまとめているので、ぜひ、そちらもどうぞ。

また、本文中ではナウマンゾウを〝長毛〟と表現したが、これに関しては実際になんら証拠があるわけではない。ただし、寒冷な地域ではそれこそケナガマンモスのように保温のための長毛である可能性はあり、もともと毛は化石に残りにくい。今回は、日本地質学会の一般向け広報誌『ジオルジュ』の2016年前期号の記事（土屋が執筆し、添田さんが取材協力している）のイラストを参考にした。

北広島市産の化石は、これからの分析に期待だ。

札幌市博物館活動センター

札幌といえば、サッポロカイギュウ。

サッポロカイギュウといえば、「札幌市博物館活動センター」だ。実物化石と、全身復元骨格が展示されている〝小規模な博物館〟である。

札幌市博物館活動センターへのアクセスは、自動車のほか、札幌市営地下鉄南北線を使う方法がある。最寄駅は、徒歩約10分の「澄川駅《すみかわ》」と、徒歩約14分の「南平岸駅《みなみひらぎし》」。徒歩時間だけに注目すれば、澄川駅の方が便利に思えるかもしれない。しかし、澄川駅で降りた場合は、住宅街の中を通るかなりの急坂を登っていくことになる。とくに冬場で道端に雪が残る季節は、このルートはちょっと覚悟が必要だ。

そんな〝澄川駅ルート〟に対し、南平岸駅からのルートは、登り坂にはなるものの、斜度は緩やかである。

筆者のおすすめは、もちろん〝南平岸ルート〟。こちらは道筋も簡単で、南平岸駅で下車したのちは東口から出て東へ進み、「平岸4・13」あるいは、「平岸4・14」を右折して、そののちは直進するだけだ（札幌の交差点ではよく見られる例として、交差点名が見る方向で異なるので注意。ここで挙げた「平岸4・13」と「平岸4・14」は同じ交差点である）。

また、北広島市産のケナガマンモスとナウマンゾウに関連した施設としては、札幌市厚別《あつべつ》区の「北海道博物館」もある。こちらは歴史分野もあつかう総合博物館であり、最寄駅はJR新札幌駅と札幌市営地下鉄東西線の新さっぽろ駅。ただし、駅から少し離れているので、バスを使うか、タクシーを利用する方が良いだろう。

“あちらの世界”で古生物に「出会った」場所は実際にはココ！

『空想トラベルマップ』

北海道博物館
住所：札幌市厚別区厚別町小野幌 53-2
電話：011-898-0466
休館日：毎週月曜日（祝日・振替休日の場合は直後の平日）、年末年始（12 月 29 日～1 月 3 日）
開館時間：午前 9 時 30 分～午後 5 時（10 ～ 4 月は午後 4 時 30 分まで）
料金：一般 600 円、大学生・高校生 300 円 中学生以下、65 歳以上は無料 ※団体料金別途

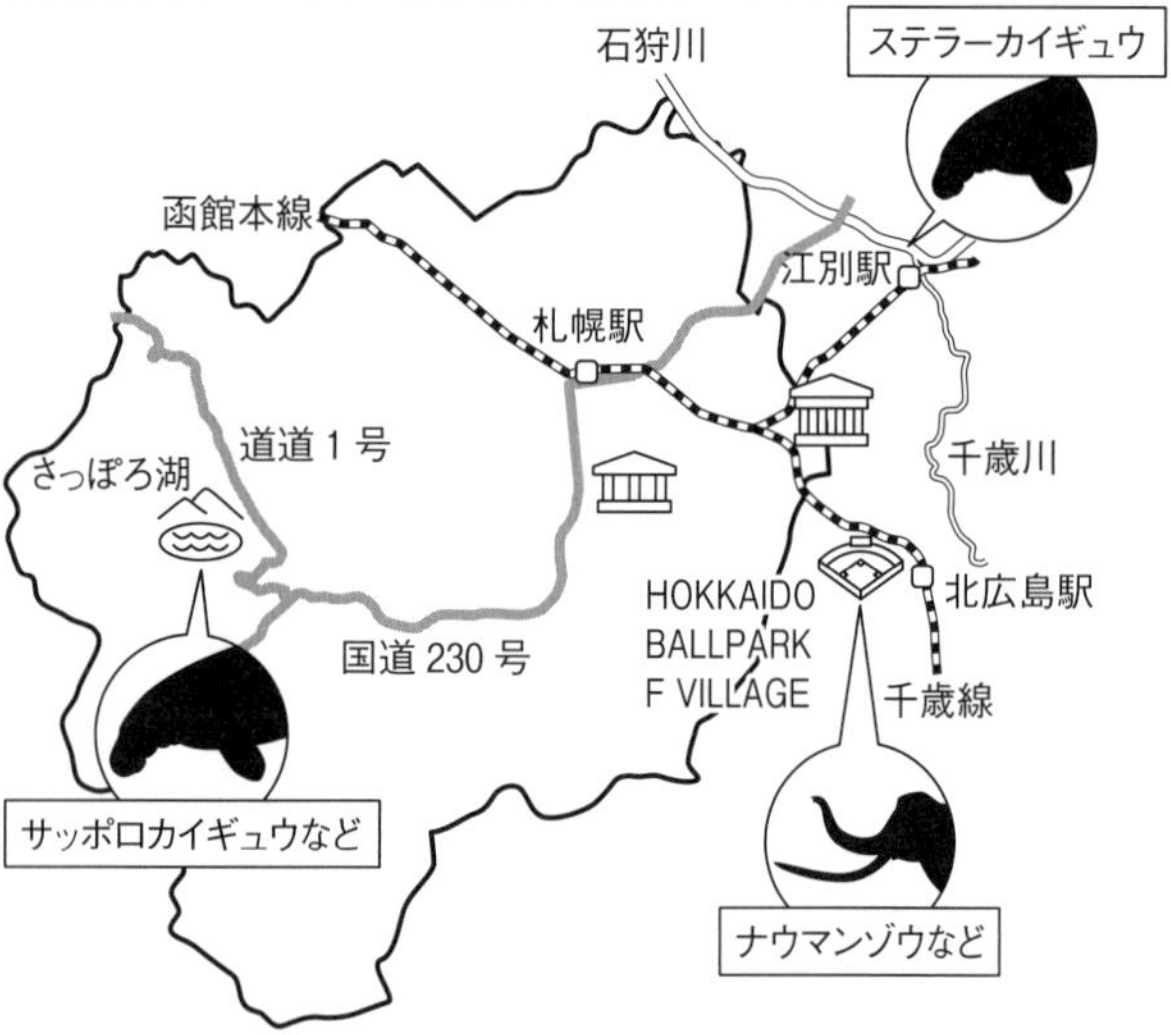

札幌市博物館活動センター
住所：札幌市豊平区平岸 5 条 15 丁目 1-6
電話：011-374-5002
休館日：日曜日・月曜日、祝日、年末年始（12 月 29 日～1 月 3 日）
開館時間：午前 10 時～午後 5 時
料金：無料

エピソード8　〝こちらのむかわ世界〟の古生物たち

進化の道を歩くカムイサウルス

カムイサウルスの種名は、「カムイサウルス・ジャポニクス（*Kamuysaurus japonicus*）」という。「カムイ」はアイヌの神にちなむ名前だ。通称は、「むかわ竜」。むかわ町の天然記念物に指定されている。

穂別中心街から北へ10キロメートルほどの場所に、「稲里《いなさと》」と呼ばれる地域がある。化石は、この稲里にある〝海でできた地層〟から発見された。そのため、何らかの理由でカムイサウルスは海まで運ばれ、そして、海底に沈んで化石となったとみられている。海に運ばれ始めたときに、カムイサウルスが生きていたのか、死んでいたのかはよくわかっていない。

本文で言及したように、カムイサウルスの化石は、日本産の大型恐竜化石の中で群を抜く保存率を誇り、世界レベルの標本となっている。頭部のトサカについては、化石にしっかりと残っていたわけではないものの、２０１９年にこの名をつけた北海道大学の小林快次さんたちによって示唆された特徴だ。

カムイサウルスの化石は、２００３年に尾の一部が発見されたのち、長い間、博物館の標本庫で保管されていた。２０１１年に東京学芸大学（当時。現在は神奈川大学所属）の佐藤たまきさんによって恐竜化石の可能性が指摘され、その後、専門家である小林さんによって恐竜化石と断定され、組織的発掘がなされた。２０１０年代の日本における恐竜研究の中でも、とくに注目を集めた恐竜といえるだろう。なお、この発掘に関しては、２０１６年に誠文堂新光社から上梓した発掘記『ザ・パーフェクト』もぜひご覧いただきたい。

穂別ダムでホベツアラキリュウを

ホベツアラキリュウは、現時点では学名のないクビナガリュウ類だ。その化石は、穂別ダムのある長和地域で発見された。日本で最初に記載論文が発表された国産クビナガリュウ類でもあり、北海道の指定天然記念物でもある。「ホベツアラキリュウ」という通称のほかに、「ホッピー」という愛称もある。長和地域はむかわ町でもかなりの内陸の地域ではあるが、白亜紀当時、ここが紛れもなく海だったことを物語る証拠だ。

富内駅のアノマロケリス

本文で最初に紹介した「アノマロカリス」は、「*Anomalocaris*」と書く。「*Anomalo*」には「奇妙な」という意味があり、「*Anomalocaris*」で「奇妙なエビ」という意味になる。これは、アノマロカリスの触手（専門用語で付属肢）が最初に発見されたことにちなむ名称だ。こちらについて詳しい情報をお求めの方は、２０２０年にブックマン社から上梓した『アノマロカリス解体新書』や２０２３年に技術評論社から上梓予定の『地球生命　無脊椎の興亡史』を開かれたし。

一方、本項の主役である「アノマロケリス」は、正確には「アノマロケリス・アングラータ（*Anomalochelys anglata*）」と書く。「ツノのある奇妙なカメ」という意味だ。その化石は、富内駅のある富内地域から発見されている。リクガメではあるが、〝海でできた地層〟から化石が発見されており、カムイサウルスのように何らかの理由で海まで流れてきて海底に沈み、化石になったと考えられている。むかわ町の指定天然記念物でもある。

汐見海岸のメソダーモケリス

メソダーモケリスは、「メソダーモケリス・ウンデュラータス（*Mesodermochelys undulatus*）」と書くカメで、本文で言及したように、日本各地からその化石は発見されている。その中で、穂別地区は日本最多のメソダーモケリスの化石産地でもある。

本文で触れたようにオサガメの仲間ではあるが、現生のオサガメの骨がほとんどない甲羅に対し、メソダーモケリスはしっかりと骨のある甲羅をもつ。学名のもととなった化石は、むかわ町指定天然記念物だ。

鵡川漁港のモササウルス類

北海道は、日本における最大の「モササウルス類化石産地」であり、むかわ町でその多くが発見されている。〝あちらの世界〟に出現した「モササウルス・ホベツエンシス（*Mosasaurus hobetsuensis*）」の化石は、穂別地区中心部と富内地域の間にある平丘地域で発見され、むかわ町指定天然記念物となっている。部位としては、歯、右前肢、胴椎《どうつい》、肋骨など。日本産のモササウルス類として初めて記載論文が発表された種として知られる。なお、「モササウルス」の名前をもつ種は他にも世界各地から報告されており、最大種は全長約15メートルという巨体をもつ。

本文で夜行性として紹介した「フォスフォロサウルス・ポンペテレガンス（*Phosphorosaurus ponpetelegans*）」もまた平丘地域で化石がみつかった。極めて良質な頭骨が知られており、こちらもむかわ町の天然記念物となっている。２０１５年にシンシナティ大学の小西拓哉さんたちの分析によって、両眼視ができたことが明らかにされている。「両眼視」とは左右の視界が重なることで、対象までの距離がよくわかるなどのいくつかの利点がある。小西さんたちは、両眼視の能力の一つとして、暗視性能が高いことに注目し、フォスフォロサウルス・ポンペテレガンスが夜行性だった可能性に言及している。モササウルス・ホベツエンシスと同時代の同海域に生息していたとみられているため、夜行性として生きることで棲み分けていたと考えられるという。なお、「*pompetelegans*」とは、アイヌ語の「小川・清流の」を意味し、穂別の語源でもある「ポンペット（*pompet*）」、および標本の保存状態がすばらしいという意味にちなんだラテン語の「清い・優雅な」という意味の「エレガンス（*elegans*）」を組み合わせてつくられた造語。

いちうろこでアンモナイトとイノセラムスを

むかわ町穂別地区は、北海道有数のアンモナイト化石の多産地。本文で紹介した「ゴードリセラス・ホベツエンゼ（*Gaudryceras hobetsense*）」の化石は、富内地域を中心に発見されている。

また、「イノセラムス・ホベツエンシス（*Inoceramus hobetsensis*）」は長和地域で発見されている。イノセラムス類の化石は日本各地で多産する。多様な種が報告されている中で、イノセラムス・ホベツエンシスは最大級の殻をもつとして知られる。

イノセラムス類の多くは、殻の特徴が明瞭で種を見分けやすく、しかも各種の生存期間が短く、かつ分布域が広いという特徴がある。そのため、地層の時代を特定し、離れた地域の地層を比較することに使われる〝時代のものさし〟としての役割を担うことが多い。こうした化石は「示準《しじゅん》化石」と呼ばれ、専門家にとても重宝されている。なお、むかわ町穂別博物館では、その示準化石としてのイノセラムス類をキャラクター化した「いのせらたん」を製作しており、特徴をわかりやすく学ぶことができる。インターネットでも情報を入手できるので、ぜひ、「いのせらたん」で検索してみてほしい。

むかわ町穂別博物館

本文に登場するむかわ町穂別博物館は、ホベツアラキリュウの化石の保存と展示を目的に、1982年に開館した平屋の博物館だ。本書執筆時点では、入館すると、すぐその眼の前にホベツアラキリュウの全身復元骨格がそびえるように展示されている。また、カムイサウルスの発見・発掘後は、その研究の中核施設の一つとして、注目されている。

もとより穂別地域は、北海道有数のアンモナイト化石産地として知られている。筆者も学生時代は富内の宿に宿泊しながら、穂別地域の地質と化石を調べたものである。むかわ町穂別博物館にはアンモナイトやイノセラムスの化石も多数展示されている。本文で紹介したすべての古生物の化石に会うことができるので、ぜひ探してみてほしい。また、「進化の道」

は〝こちらの世界〟にも存在しているので、博物館の見学後は、穂別中心街のメインストリートにまで足を伸ばしてみるのも良いかもしれない。

“あちらの世界”で古生物に「出会った」場所は実際にはココ！

『空想トラベルマップ』

むかわ町穂別博物館
住所：北海道勇払郡むかわ町穂別 80-6
電話：0145－45－3141
休館日：毎週月曜日・祝日の翌日・年末年始など ※詳しくはHP 参照
開館時間：午前 9 時 30 分～午後5時（ただし入館は午後 4 時 30 分まで）
料金：大人 300 円、小学生から高校生 100 円、小学生未満無料
※団体料金別途

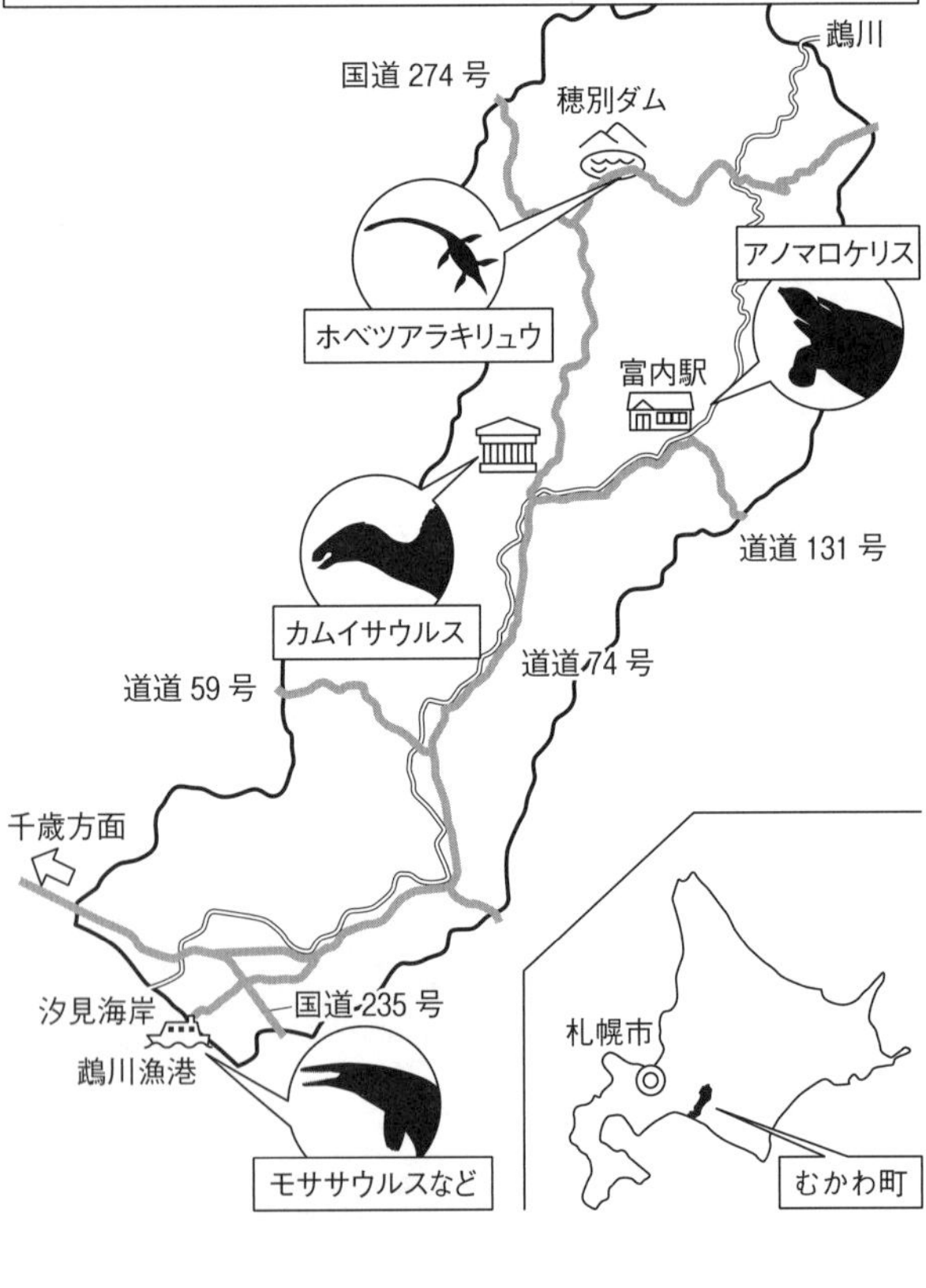

エピソード9　〝こちらの足寄世界〟の古生物たち

利別川の束柱類

束柱類は、カイギュウ類や長鼻類（ゾウの仲間）に近縁とされ、とくに新第三紀中新世（約2300万年前～約530万年前）に繁栄した絶滅哺乳類だ。その化石は、日本各地やアメリカ西岸各地などからみつかっている。とくに日本産の束柱類の化石は良質であることで知られており、そのこともあって束柱類は「日本を代表する古生物」の一つに挙げられることもある。ちなみに、「束柱類」という名前は、その歯が柱を束ねたような形をしていることに由来する。

本文中に挙げたのは、そんな束柱類の中の3種類。

デスモスチルスは、学名を「*Desmostylus*」と書く。化石は、北海道では、複数の地域から報告されており、足寄町近郊でも北の釧路市阿寒地域、南の本別町などでみつかっている。北海道以外でも、埼玉県など日本各地から報告がある。束柱類において、最も進化的とされる種類であり、束柱類の代名詞的存在でもある。

アショロアは、「*Ashoroa*」と書く。文字通り、その名前は「足寄町」にちなんでいる。足寄町の市街地から東北東へ20キロメートルほどの足寄町茂螺《もら》湾地域に分布する約2800万年前の地層から化石が発見された。

ベヘモトプスは、「*Behemotops*」と書く。アショロアよりも原始的とされる束柱類だ。北海道では、アショロアと同じ茂螺湾地域から化石が発見されている。

いずれも沿岸地域に生息していた海棲哺乳類とみられているものの、岡山理科大学（当時の所属は大阪市立自然史博物館）の林昭次さんたちが2013年に発表した研究によると、デスモスチルスは他の束柱類よりも泳ぎが〝上手〟だったとされている。利別川の「河原で休む」という〝あちらの世界〟の描写は、本書用の〝設定〟であり、束柱類がどの程度、実際に上陸して生活ができたのかはわかっていない。なお、骨格のつくりが独特で、どのような姿勢で生活していたのかについても研究者の見解が分かれている。謎多き哺乳類。

オンネトーのクジラたち

アショロカズハヒゲクジラは、学名を「エティオケトゥス・ポリデンタトゥス（*Aetiocetus polydentatus*）」と書く。足寄町の茂螺湾地域から化石が発見された。本文中で紹介したように、ヒゲクジラ類でありながらも、ヒゲはなく、歯がある。「エティオケトゥス」の名前をもつ種は、日本や北アメリカから複数報告されており、「歯のあるヒゲクジラ類」として知られている。クジラ類の進化の鍵を握るグループとして注目されている。

なお、足寄町内からは、約2500万年前の〝原始的なクジラ〟の化石が複数報告されており、細部の研究を待っている段階にある。

阿寒湖でダイカイギュウに会う

本文で触れたように、北海道は〝ダイカイギュウ王国〟である。足寄近郊も例外ではなく、多くのダイカイギュウの化石が発見されている。ただし、いずれも研究途上で、固有の種名などはまだついていない。

釧路市阿寒町もそうした化石産地の一つ。阿寒町のある採掘場には、新生代新第三紀鮮新世(約530万年前〜約258万年前)の海でできた地層が分布している。そこで、ダイカイギュウのものとみられる肋骨の化石が発見されている。

昆布刈石の海岸のアロデスムス

アロデスムス・ウライポレンシスは、「*Allodesmus uraiporensis*」と書く。その化石は、昆布狩石海岸の展望台から約3・5キロメートル北東のオコッペ沢から発見された。

アロデスムスの化石は、国内外各地から報告されているものの、少なくとも現時点において、アロデスムス・ウライポレンシスは、昆布狩石の固有種であるとみられている。

アロデスムスの仲間は、「アロデスムス類」とされ、その生態はまだ謎が多い。「群れを組む」という〝あちらの世界〟の物語は、他の現生鰭脚類を参考にした〝設定〟である。

ソラとタイキケトゥス

タイキケトゥスは、「*Taikicetus inouei*」と書く。「イノウエイ（*inouei*）」は、発見者の井上清和さんにちなんだもの。なお、井上さんは昆布刈石のアロデスムス・ウライポレンシスの発見者でもある。その化石は、大樹町多目的航空公園から20キロメートル近く西の歴舟《れきふね》川の河岸から発見されている。時代は約1520万年前〜約1150万年前（中新世）のものだ。

それにしても、クジラ、クジラ、クジラ、クジラだ。北海道がいかに「クジラ王国」だったことかがよくわかるといえるだろう。

網走監獄を歩くペンギンモドキ

ホッカイドルニスは、「ホッカイドルニス・アバシリエンシス（*Hokkaidornis*

abashiriensis)」と書く。徹頭徹尾、北海道にちなむ名前である。

化石は、網走監獄から網走湖を越えた西南西の先にある卯原内《うばらない》川の河岸に分布する約2500万年前（新生代古第三紀漸新世《ぜんしんせい》）の地層から発見されている。

ホッカイドルニスは、「プロトプテルム類」と呼ばれる絶滅鳥類グループの一員だ。プロトプテルム類は「ペンギンモドキ」とも呼ばれ、ペンギン類とよく似た姿をしている。ただし、本文中でも触れたように、「似ている」とはいっても、首や翼などに一見してわかるちがいがある。実は、プロトプテルム類にみられる特徴は、ペンギン類でも〝初期のペンギン類〟のものとよく似ているとされ、その姿は、どことなくウ（鵜）を彷彿《ほうふつ》とさせる。

プロトプテルム類は、北半球の太平洋海域で大いに繁栄したグループで、日本でも各地から化石が発見されている。

足寄動物化石博物館

足寄町市街地の〝南の入り口〟付近にある1階建ての博物館が「足寄動物化石博物館」である。メインとなる展示室には、「足寄」の名前をもつ「アショロア」をはじめとした束柱類の化石や全身復元骨格などが並んでいる。とくに、デスモスチルスの全身復元骨格に関しては、3人の研究者による異なる解釈の復元が並んで展示されており、そのちがいがよくわ

示もの展示も充実。

かる。そのほか、アショロカズハヒゲクジラなどのクジラ類や、ホッカイドルニスなどの展示も充実。道東方面に来たら、ぜひとも寄ってほしい博物館だ。〃あちらの世界〃に登場した古生物の多くの関連標本を展示しているので、ご自身の眼で確認されたし。

また、体験メニューが充実しているのも、この博物館の特徴の一つ。学芸員による展示解説や、ミニ発掘、レプリカづくり、古生物模型づくりなどが用意されている。広い工作室もある。こちらは基本的に個人で訪ねる場合は予約不要で、博物館の受付で申し込めば良いところも嬉しい。ただし、感染対策などで体験メニューが限られている場合もあるので、事前に確認だけはしておきたい。

“あちらの世界”で古生物に「出会った」場所は実際にはココ！

『空想トラベルマップ』

足寄動物化石博物館
住所：北海道足寄郡足寄町郊南 1-29-25
電話：0156-25-9100
休館日：毎週火曜日（祝日の場合はその翌日）、12 月 30 日〜 1 月 6 日 ※詳しくは HP 参照
開館時間：午前 9 時 30 分〜午後 4 時 30 分
料金：一般 400 円、小学生・中学生・高校生、満 65 歳以上 200 円 ※団体料金別途

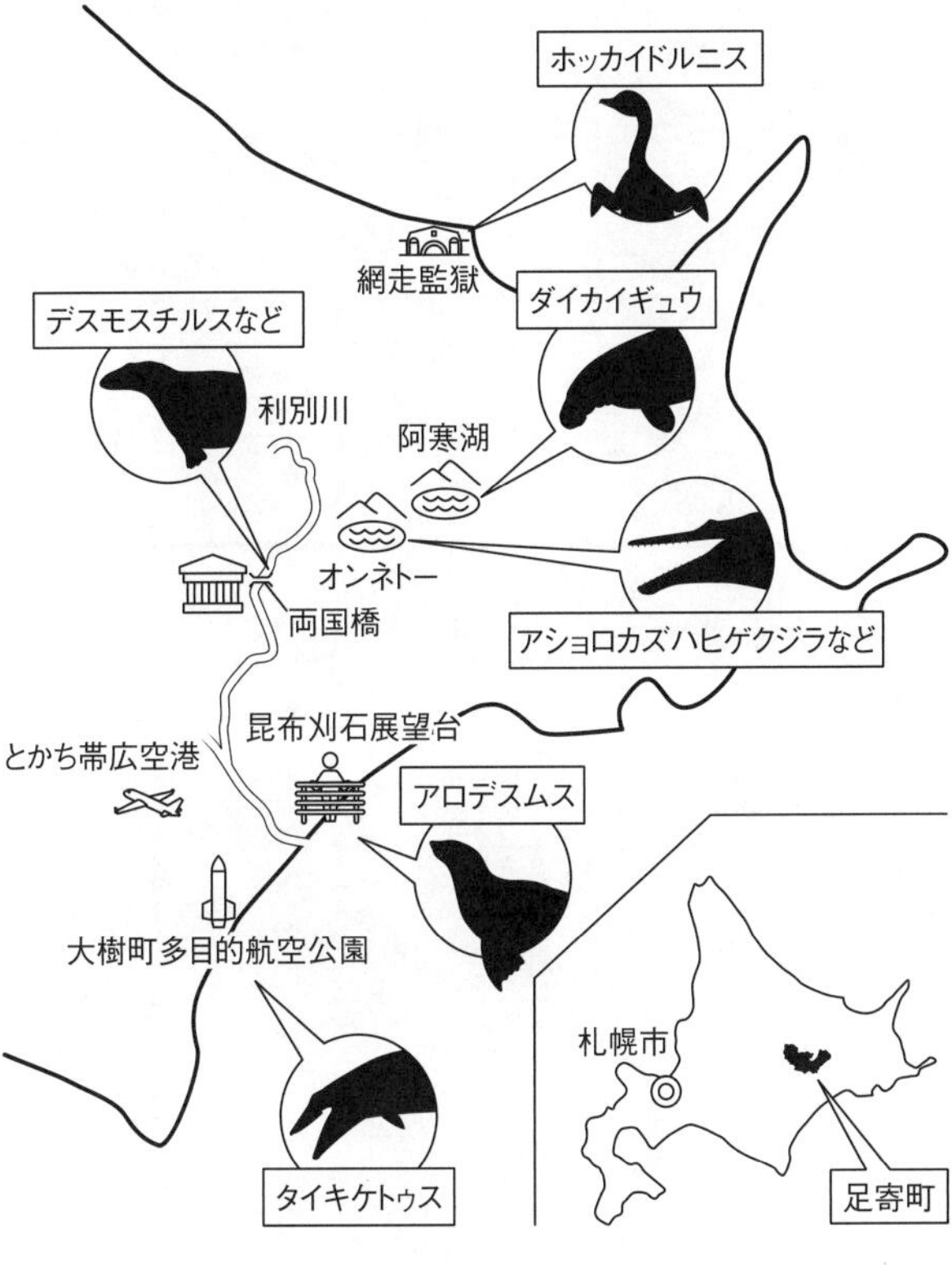

中部の章

エピソード10　〝こちらの福井世界〟の古生物たち

恐竜博物館の絶滅哺乳類と太古のG

恐竜博物館で、敢えての哺乳類として登場させた「多丘歯類」は、本文で触れたように中生代白亜紀に大いに繁栄した哺乳類グループだ。とくに白亜紀後期に多様化したものの、その後ほどなく絶滅している。〝あちらの世界〟に〝出現〟した多丘歯類は、２０１４年に発見された標本をもとにしている。この標本は、頭骨の後半から腹部にかけて残るという良質なものだった。今後の研究が期待されている。なお、化石は博物館が管理する発掘現場から産出した。

プラエブラッテエラのフルネームは、「プラエブラッテエラ・インエクスペクタ」で「*Praeblattella inexpecta*」と書く。こちらも、敢えての博物館での登場となった。なにしろ、ネズミに似た哺乳類とゴキブリである。本章の協力者である恐竜博物館の今井拓哉さんとの相談の結果だ。他の施設に登場させるには多少の憚《はばか》りがある……いわゆる「大人の事情」をご理解されたい。もっとも、ネズミもゴキブリも、その多くは、不衛生な存在ではけっしてない。

発見されているプラエブラッテエラの化石は、翅の部分だけだ。もっとも、ゴキブリ類に限らず、多くの昆虫化石は、翅だけが残されている。化石は、恐竜化石発掘現場および杉山川上流部で産出した。同じ地層からは、プラエブラッテエラだけではなく、他にも複数のゴキブリの化石が発見されている。現在までに、複数のゴキブリ類の翅化石が発見されている白亜紀の地層は、日本では他にない。

なお、プラエブラッテエラを含む福井県のゴキブリ化石群集は、地理的に近いはずの中国や北朝鮮の化石群集よりも、やや離れたモンゴルやロシアの化石群集とよく似ているという。

白山平泉寺の恐竜たち

いずれも恐竜博物館の化石発掘現場から化石が発見された恐竜たちである。

フクイベナトールは、「*Fukuivenator*」と書く。恐竜類の中でも、すべての肉食恐竜が分類されている獣脚類に属している。本文中で触れた「テリジノサウルス類」というグループは、獣脚類をつくる多数のグループの中の一つだ。全長は約2・5メートルという小型ながらも、全身の約7割の化石が残っていた。この保存率は、北海道のカムイサウルスとほぼ同等で、カムイサウルスの発見までは日本産恐竜化石として随一だった。

フクイサウルスは、「*Fukuisaurus*」と書く。命名は2003年。それまでは、「フクイリュウ」の名前で知られていた。本文中で紹介したように、イグアノドン類の一員に分類されている。イグアノドン類の多くが口の中で植物を咀嚼《そしゃく》できる能力をもつ。しかし、フクイサウルスはそれができなかったとされているため、食事の仕方がよくわかっていない。イグアノドン類の中でも原始的な存在とされ、分析が進められている。

コシサウルスは、「*Koshisaurus*」と書く。推測されている全長はフクイサウルスより一回り小さいものの、実は発見された個体は幼体であるとみられている。なお、「コシサウルス」の「コシ（*Koshi*）」とは、「越」のことである。かつての日本で使われていた地方名称の一つで、現在の北陸地方と新潟県にほぼ相当する。ちなみに、福井県は、「越前」とされていた。

フクイティタンは、「*Fukuititan*」と書く。化石は前肢や後肢などが知られている。全長10メートル級は、福井県産の恐竜の中では随一の大型だ。

フクイラプトルは、「*Fukuiraptor*」と書く。日本で初めて報告された獣脚類恐竜である。ジュラ紀のアメリカに君臨したアロサウルス（*Allosaurus*）の仲間に分類されている。知られている個体は、まだ成長段階にあると分析されており、成体のサイズはもっと大きかった可能性がある。

勝山駅のフクイプテリクス

フクイプテリクスは、「*Fukuipteryx*」と書く。化石は、発掘現場から発見された。鳥類は、恐竜類の1グループとして登場し、進化し、そして、他の恐竜類のグループが滅んだのちも生き残り、現在に至っている。

こうした鳥類の〝進化の起点〟にいたとされるのが、本文でも紹介した始祖鳥だ。始祖鳥の学名は、「アーケオプテリクス（*Archaeopteryx*）」。その始祖鳥と、進化的な鳥類を〝つなぐ〟鳥類の化石は、中国東北部などを中心に多数発見されている。

フクイプテリクスは、そんな「〝つなぐ〟鳥類」の中で、始祖鳥に次ぐ原始的な特徴を備えている。学術上の注目度はとても高い。

刈込池の太古のワニ

ゴニオフォリス類は、「ワニ」とはいっても、厳密な意味では「ワニ」ではない。より広いグループである「ワニ形類」の一員だ。現在の地球に生息する「ワニ形類」は、厳密な意味の「ワニ類」しか生き残っていないが、恐竜時代には多様なワニ形類がいた。その中でもゴニオフォリス類はジュラ紀から白亜紀まで〝命脈〟を保ち、ヨーロッパからアジア、北アメリカに至る広い分布域をもっていたことで知られる。化石は、発掘現場で発見された。

道の駅で、カメとトカゲと二枚貝

発掘現場では、カメ類の化石がよくみつかる。本文に登場したスッポンは、厳密にいえば、スッポンこと「ペロディスクス・シネンシス（*Pelodiscus sinensis*）」という種ではなく、その近縁種。種名の特定には至っていない。

アスワテドリリュウは、「テドロサウルス・アスワエンシス（*Tedorosaurus asuwaensis*）」という学名をもつ淡水性のトカゲだ。化石は全身の多くの部位が残っていた。発見場所は、発掘現場ではなく、〝あちらの世界〟で〝出現〟する道の駅から南西へ13キロメートルほどの距離にある福井市の上新橋付近だ。

そして、〝あちらの世界〟で味噌汁の具材として登場した3種類の二枚貝には、「トリゴニオイデス・テトリエンシス（*Trigonioides tetoriensis*）」「プリカトウニオ・ナクトンゲンシス（*Plicatounio naktongensis*）」「マツモトイナ・マツモトイ（*Matsumotoina matsumotoi*）」という学名がついている。化石は、発掘現場でみつかっている。

生物が死んで化石となる際は、色や模様は消えることが通例だ。二枚貝の化石も例外ではない。しかし、トリゴニオイデス・テトリエンシス以下の合計3種の二枚貝には、模様がしっかりと残っていた。2022年に、これらの二枚貝を報告した恐竜博物館の安里開士さんたちによると、捕食者から身を守るためのカモフラージュとして役立っていた可能性が高いという。

福井県立恐竜博物館

福井県立恐竜博物館は、本文中で触れたように、勝山市の発掘現場近くに立地する博物館である。銀色に輝くドームの中には、40体を超える恐竜の全身復元骨格が展示され、また、恐竜のみならず、さまざまな古生物の関連展示も用意されている。地質学や古生物学分野では、国内最大規模と言っていい。さらに、2023年夏には新たな体感ゾーンも加わったリニューアルが予定されており、本書が刊行されるころには工事が終わる見込みだ。

訪問に際して注意したい点を挙げるとすれば、それは、アクセス方法。本文中では車でのアクセスを紹介したが、大型連休中などは駐車場に入るための大渋滞が発生することでもよく知られている。また、鉄道を利用したアクセスの場合は、1時間に2本という本数に注意したい。1本を逃せば、30分ほど勝山駅で過ごすことになる。〝こちらの世界〟では、駅にフクイプテリクスは〝出現〟しないし、駅のまわりには観光施設などはない。

“あちらの世界”で古生物に「出会った」場所は実際にはココ！

『空想トラベルマップ』

福井県立恐竜博物館 ※2023年夏まで休館中
住所：福井県勝山市村岡町寺尾51-11
電話：0779-88-0001
休館日：第2・第4水曜日（祝日の場合は翌日、夏休み期間は無休）、年末年始（12月31日、1月1日）、その他臨時休館日
開館時間：午前9時〜午後5時（入館は午後4時30分まで）
※夏季繁忙期は午前8時30分〜午後6時（入館は午後5時30分まで）
料金：一般1000円、高・大学生800円、小・中学生・70歳以上500円　※リニューアルオープン後の料金　団体料金別途

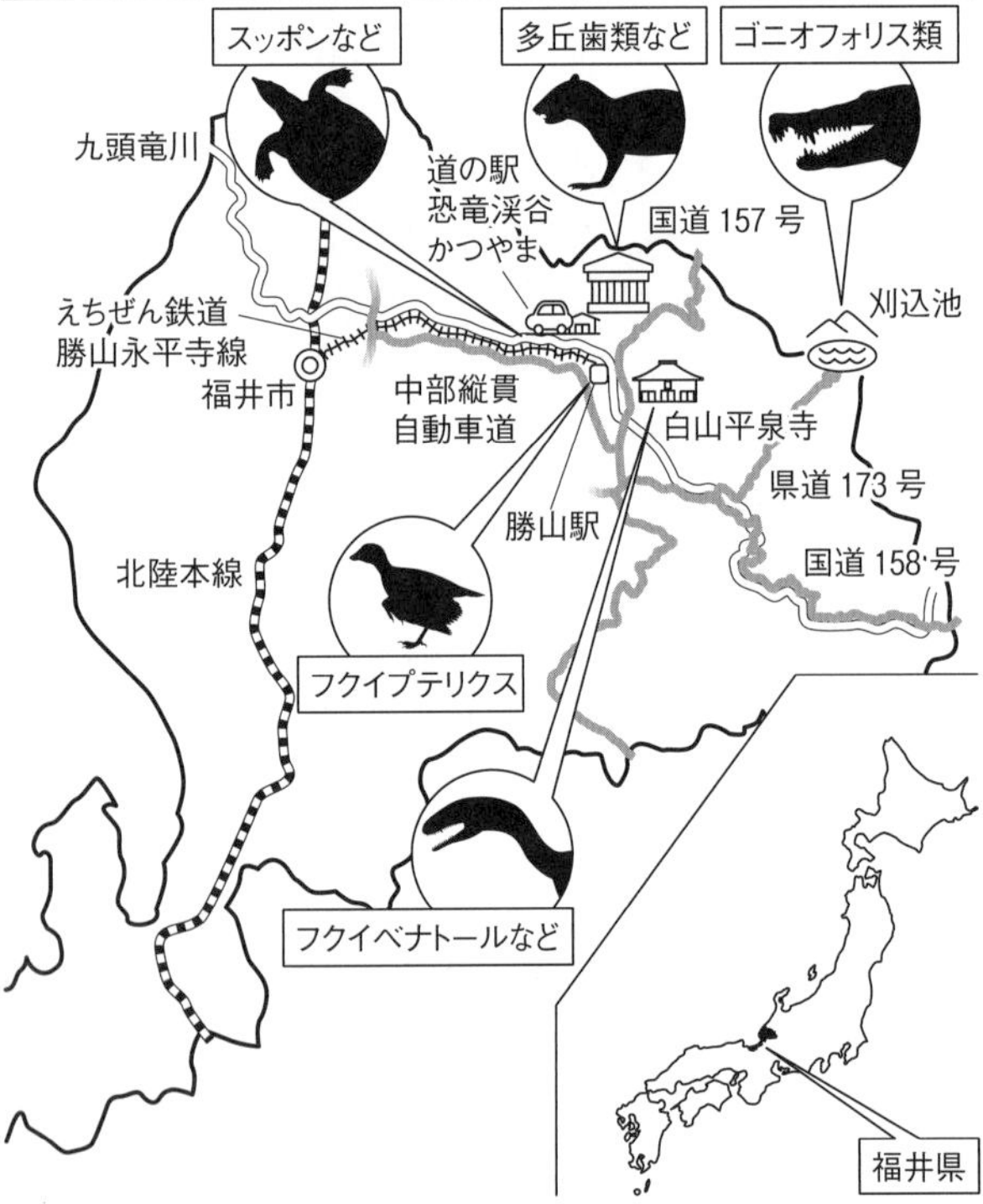

エピソード11 “こちらの瑞浪世界”の古生物たち

バサラカーニバルには、巻貝のアクセサリーを

ビカリアは、「*Vicarya*」と学名を綴る。産地などは本文中で触れた通りだ。化石は日本で多産するけれども、フィリピンなどの海外でも発見されている。河口付近の干潟から、やや沖合に生息していたと考えられており、瑞浪市とその近郊に温かくて浅い海があったことの証拠とされる。こうした「過去の環境」を推し量ることができる化石のことを「示《し》相《そう》化石」という。

ビカリアの殻の内部にできる「月のおさがり」は、乳白色を基調として3〜4色となっているものが多い。ちなみに、赤色を見せる方解石からなる「日のおさがり」（太陽のうんこ）もあり、こちらも瑞浪市でみつかる。

瑞浪Mioは、瑞浪市化石博物館のイメージキャラクターだ。あくまでも架空の存在だけれども、SNSなどで情報発信を担う。首からビカリア、髪にデスモスチルスの歯など、化石のアクセサリーを身につける。実際のところ、ビカリアに「ミスなく踊ることができる」

というご利益《りやく》があるかどうかは定かではない。

きなぁた瑞浪でポークとともにホタテを

まず、実際にきなぁた瑞浪でビカリアやミズナミホタテが販売されているわけではないので、ご注意されたい（念のため）。

ミズナミホタテは、学名を「コトラペクテン・エグレギウス（*Kotorapecten egregius*）」という。瑞浪市をはじめ、中部地方の約1800万年前の地層から化石が発見されている。瑞浪市においては、瑞浪市化石博物館のすぐ近くの崖や、本文中でも触れている野外学習地から採集されている。タコ類によって殻に孔を開けられた化石も少なくなく、これは日本における最古のタコ類の狩りの記録とされている。

野外学習地で、パレオパラドキシアに会えるかも

パレオパラドキシアは、「*Paleoparadoxia*」と綴る。「*Paleo*」には「太古」、「*paradoxia*」には「矛盾《むじゅん》」という意味がある。この名をつけた研究者の困惑顔が見えそうな名前だ。なにしろ、束柱類以外には類をみない歯をもつ「奇獣」の一つなのだ。

パレオパラドキシアは、足寄町の章で紹介したデスモスチルスと双璧をなす束柱類の代表

種といえる。外見的にはとてもよく似ている2種だが、歯の形状などにちがいがある。ぜひ、化石や復元された骨格を見て比べてみてほしい。ちなみに、瑞浪市からはデスモスチルスの化石も産出する。

2022年、瑞浪駅から数キロメートルほど北東の瑞浪市釜戸《かまど》町の土岐川の河原から、パレオパラドキシアの新たな化石が発見された。約1650万年前の地層からみつかったその化石は、前肢をのぞくほぼすべての部位が発見され、しかも頭から腰までの背骨がつながるなど、多くの骨が関節した状態で残っていた。このような保存状態は束柱類に限らず、大型の哺乳類化石としてもかなり珍しい。「奇獣の全身骨格化石」ともなれば、なお貴重といえる。そのため、博物館では市外の研究者とも組んでさまざまなアプローチによる研究を展開。パレオパラドキシアの新知見が期待されている。

そして、本文中で言及した「野外学習地」は、〝こちらの世界〟にも存在する。詳しくは、博物館に訊ねられたい。

鬼岩の先で、ミズナミムカシアシカに会う

ミズナミムカシアシカは、現時点では学名はついていない。その化石は、鬼岩公園から5キロメートル弱南東の工事現場で露出した約1800万年前の地層から発見された。とくに

山中などで道路工事を行う場合は地層を削るため、新たな地層断面が露出し、そこから新たな化石がみつかることは少なくない。

化石は頭骨と一部の骨格で、とくに頭骨化石の保存がかなり良い。そのため、他地域にいた同時代の鰭脚類との比較研究が進むとして期待されている。

中学校の〝化石祭〟で、エゾイガイを食す

エゾイガイは、学名を「クレノミティルス・グレイアヌス（*Crenomytilus grayanus*）」という。化石としてみつかる古生物であり、そして、実は、現生種も存在する。つまり、〝現在でも生き続けている古生物〟だ。現生種は、「エゾ（蝦夷）」の名前が示唆するように東北地方以北、とくにオホーツク海に生息する。食用として親しまれ、「ムール貝」と呼ばれるものの一つでもある。なお化石は日本のほかに、ロシアのカムチャツカ半島などでもみつかっている。

本文中に登場した瑞浪市立瑞浪北中学校も実在する学校だ。２０１６年に敷地造成工事が行われ、そのときにエゾイガイの密集化石が発見されたことが〝あちらの世界〟の〝元ネタ〟となっている。なお、〝化石祭〟は〝あちらの世界〟だけのイベントである。

密集化石の層からは、エゾイガイ以外の貝類化石も発見されている。世界的に涼しかった

約1780万年前のものとされ、エゾイガイが発見されたことからも、当時の瑞浪市周辺は〝冷たい海〟があった可能性が高いとされている。

犬山城で、巨大松ぼっくりを拾おう

「巨大松ぼっくり」こと「オオミツバマツ」は、学名を「ピヌス・フジイアイ（*Pinus fujiii*）」という。かつては、「ピヌス・トリフォリア（*Pinus trifolia*）」という学名であったが、この学名はすでに使われていたことが明らかになり、2015年にこの名前に変更されている。

オオミツバマツの化石は、東海地方に広く分布する約1000万年前〜約300万年前の地層から多産する。犬山城と瑞浪市の間にある土岐市や多治見市などでみつかる化石がよく知られている。

木曽三川公園でミズナミジカに会おう

ミズナミジカの化石は、2019年に瑞浪市内で発見された。特徴的な角のほか、頭骨の一部、上顎、下顎の一部、脚の骨などがみつかっている。約1800万年前の化石とされ、日本最古級のシカ化石とみられている。角の先が二股に分かれているという特徴のあるシカ

の化石はヨーロッパでは報告があるものの、アジアでは他にないという。

本文中で言及したように角座がないことを特徴とする。一般に、シカの角は、角座より上の部分が生え変わる。ミズナミジカには角座がないため、角が生え変わらなかった可能性もある。細部はこれからの研究待ちだ。なお、発見当初は、仮称として「ゲンシジカ」と呼んでいた。

瑞浪市化石博物館

瑞浪市化石博物館は、本文で紹介したように、中央自動車道の瑞浪インターチェンジのすぐそばに位置している。その名が示すように「化石専門の博物館」であり、1974年開館という長い歴史をもつ。

その常設展示室は、シンプルな長方形だ。そこに、瑞浪市とその周辺地域から産出した化石を中心に、約3000点の化石が並ぶ。特にビカリアを含む貝化石がずらりと配置された展示コーナーは圧巻。デスモスチルスとパレオパラドキシアの全身復元骨格もある。本文中で紹介した瑞浪市立瑞浪北中学校の工事現場で発見された化石の展示コーナーなども用意されている。

“あちらの世界”で古生物に「出会った」場所は実際にはココ！

『空想トラベルマップ』

瑞浪市化石博物館
住所：岐阜県瑞浪市明世町山野内 1-47
電話：0572-68-7710
休館日：毎週月曜日（祝日の場合は翌日）、年末年始（12 月 28 日～1 月 4 日）、資料整理のための休館日など ※詳しくは HP 参照
開館時間：午前 9 時～午後 5 時（入館は午後 4 時 30 分まで）
料金：一般 200 円、高校生以下は無料 ※団体料金別途

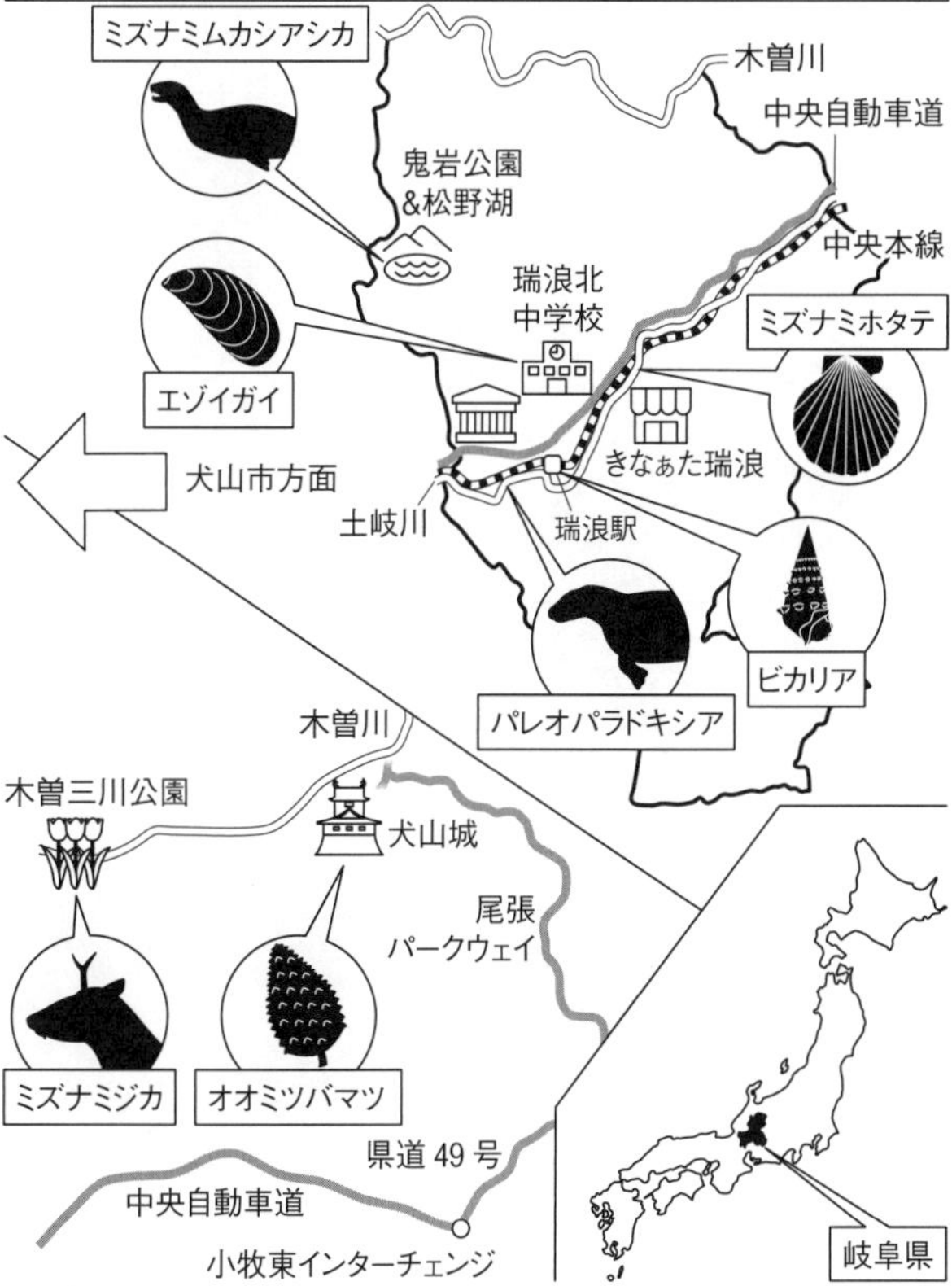

近畿の章

エピソード12　〝こちらの大阪世界〟の古生物たち

大阪城でチリメンユキガイ

チリメンユキガイは、学名を「メロペスタ・カピラセア（*Meropesta capillacea*）」と書く。バカガイの仲間の二枚貝類である。

チリメンユキガイは、有明海などで生体が採集されたことがある。ただし、生体の確認よりも先に、南海電鉄旧難波駅（大阪市難波五丁目）の基礎工事の際に地下の地層から発見された。つまり、日本で初めてみつかったチリメンユキガイは、生きている個体ではなく、化石となった個体だった。その後、大阪平野の地下には、チリメンユキガイをはじめ、多くの貝化石を含む地層が広く分布していることがわかった。なお、国内最古（現時点）のチリメンユキガイの化石は、長崎県の約150万年前より古いとされる地層から発見されたものである。

現在のチリメンユキガイの生息域などから、この二枚貝類が温かい湾の奥部を好むことがわかる。大阪城の立つ場所そのものは、当時も陸地だったとみられるものの、その周囲は浅い海に囲まれていたようだ。

大川のクジラ

カツオクジラは、学名を「バラエノプテラ・エデニ（*Balaenoptera edeni*）」という。化石は造幣局から南東に約３・７キロメートルほどの東成区役所近くの地下にある約８８００年前～４０００年前の地層から発見されている。カツオクジラは現在でも瀬戸内海などで確認されるクジラであり、大阪のこの化石の発見からは、遅くても約４０００年前には、カツオクジラが大阪周辺に生息していたことを物語っている。

ナガスクジラの仲間の化石は、大阪市南船場の地下12メートルにある約30万年前の地層からみつかった。発見された化石は下顎のみで、「科」のレベルまで同定されている。大阪府の地下には、海の地層が広がっていることがよくわかる。

長居公園のナウマンゾウ

ナウマンゾウこと「パレオロクソドン・ナウマンニ（*Palaeoloxodon naumanni*）」は、本書でもこれまでに千葉県や神奈川県、北海道で紹介してきたゾウだ。日本がいかに、〝ナウマンゾウの王国〟であったのかがよくわかる。

長居公園からみつかったナウマンゾウの化石は、動物のからだの化石（体化石）ではなく、足跡の化石だ。長居公園内に位置している自然史博物館から500メートルほど西にある地下駐車場を工事する際に、約20万年前の地層から発見された。

大阪大学のマチカネワニ

マチカネワニの化石は、大阪大学豊中キャンパスの理学部周辺の地層から発見された。大阪大学では「大阪大学の至宝」とその化石を呼んでいる。「マチカネワニ」という名前は、キャンパス内の「待兼山」にちなんだもので、学名は「トヨタマヒメイア・マチカネンシス（*Toyotamaphimeia machikanensis*）」。「トヨタマヒメイア」は、古事記に登場するワニの化身である「豊玉姫」に由来する。

マチカネワニを「竜」のモデルとする見方は、ワニの研究家として知られる青木良輔さんが著書『ワニと龍』で指摘したもの。〝出現〟したマチカネワニではなく、全身復元骨格を見ても、「さもありなん」と思えるにちがいない。なお、この話は、拙著の『怪異古生物考』（技術評論社刊）でも詳しく紹介しているので、興味をお持ちの方はぜひ、ご覧いただきたい。

さて、豊中キャンパスの待兼山の隣には、「待兼山修学館」という施設がある。この施設では、マチカネワニの全身復元骨格のほか、実物化石も展示されている。

　また、マチカネワニは大阪だけではなく、日本を代表するワニ化石でもある。そのため、日本各地の多くの博物館でその全身復元骨格が展示されている。大阪市立自然史博物館のほか、例えば、東京でも、東京駅前のインターメディアテクで壁に張り付くように展示されている。大阪市立自然史博物館にはマチカネワニの珍しい遊泳姿勢の復元もあり、インターメディアテクのマチカネワニは天を向いている。ともに竜を想起させる大きさで、姿勢だ。筆者のおすすめだ。

りんくう公園のアンモナイト

　ゴードリセラス・イズミエンゼは、「*Gaudryceras izumiense*」と綴る。その化石は、りんくう公園から南東へ約11キロメートルほどの、和泉山脈山中に分布する中生代白亜紀末期の地層から発見されている。その後、本文中で言及しているように、北海道のむかわ町やアラスカでも化石が確認されており、広い分布域をもっていたことが明らかになっている。

大阪市立自然史博物館

　大阪市立自然史博物館は、長居公園内に位置している博物館だ。大阪メトロ御堂筋線の

「長居駅」が最寄駅で、下車後、公園内を東に向かって10分ほど歩く。また、本文で触れているように、長居公園は駐車場も充実している。

博物館の入口にある、天井から吊るされたクジラの全身骨格が目印。この骨格もしっかりと観察したいところだ。館内は2階建てで、長鼻類や恐竜類など多くの化石や復元骨格が並ぶ。しばしば企画展も開催されているので、事前にその情報を調べて、常設展示とあわせて楽しむのも良いだろう。

“あちらの世界”で古生物に「出会った」場所は実際にはココ！

『空想トラベルマップ』

大阪市立自然史博物館
住所：大阪市東住吉区長居公園 1-23
電話：06-6697-6221
休館日：月曜日（祝日の場合は翌日）、年末年始（12 月 28 日～1 月 4 日）
開館時間：〔3 月から 10 月〕午前 9 時 30 分～午後 5 時（入館は午後 4 時 30 分まで）、〔11 月から 2 月〕午前 9 時 30 分～午後 4 時 30 分（入館は午後 4 時まで）
料金：大人 300 円、高・大学生 200 円、中学生以下など無料
※詳しくは HP 参照

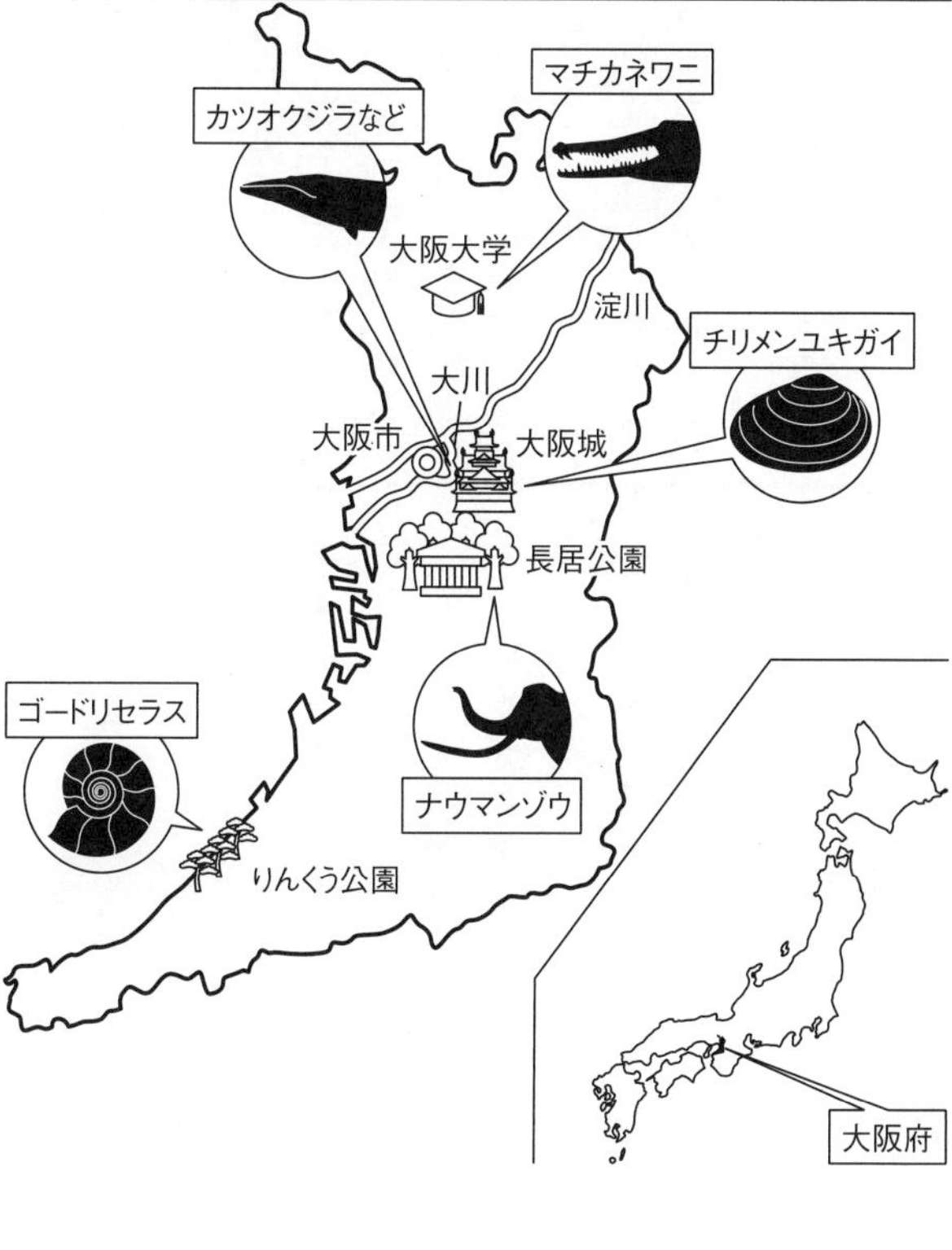

エピソード13　〝こちらの兵庫世界〟の古生物たち

丹波竜の里の丹波竜とティラノサウルス類

タンバティタニスは、〝フルネーム《種名》〟を「タンバティタニス・アミキティアエ（*Tambatitanis amicitiae*）」という。「*Tambatitanis*」は「丹波の巨人」を意味する大型恐竜らしい名前であるが、「*amicitiae*」には「友情」という、学名としては珍しい意味がある。これは、２００６年に最初の化石を発見したのが、地元の２人の地学愛好家だったことにちなむ。２人の友情があったならばこそ、とのことだ。

タンバティタニスの化石は、丹波竜の里から伸びる遊歩道の先、篠山川沿いに露出した約１億１０００万年前の地層から発見されている。その後、大規模な発掘がなされ、多くの部位が掘り出された。つながったままの尾椎のほか、腰や肋骨、珍しい部位では、脳を保護する骨のケースである脳函《のうかん》なども発見されている。この場所では、そののちも断続的に発掘が行われ、新たな発見も続いている。ティラノサウルス類もその一つで、歯の化石が知られる。

なお、タンバティタニスの化石は兵庫県立人と自然の博物館で、全身復元骨格は丹波竜の里公園から車で10分ほど西進した先の丹波竜化石工房ちーたんの館で、それぞれ展示されている。実際の発掘地も含め、古生物の〝出現〟を夢想するスポットには事欠かないエリアだ。

兵庫県立丹波並木道中央公園のトロオドン類

トロオドン類の化石は、腕や脚の骨がみつかっている。地層自体は、タンバティタニスなどと同じだ。発見場所は、まさに丹波並木道中央公園である。現時点で、トロオドン類の化石が発見されているのは、日本国内ではこの場所だけであるという。

トロオドン類は小型であり、そして、知能が高かったと考えられている。〝あちらの世界〟のトロオドン類に賢そうな描写を加えた理由は、この知能の高さに依《よ》っている。

恐竜ラボのサンダタンジュウ

サンダタンジュウは、「ボトリオドン・サンダエンシス（*Bothriodon sandaensis*）」との学名がついている。その化石は、兵庫県立人と自然の博物館から北西へ約1・5キロメートルの場所に分布する約3800万年前（新生代古第三紀始新世）の地層から発見された。化石は、歯と下顎の一部だ。〝あちらの世界〟のサンダタンジュウの描写は、〝一般的なボトリオドン〟を参考にしている。

明石海峡大橋を渡るアケボノゾウ

アケボノゾウは、学名を「ステゴドン・アウロアエ（*Stegodon auroae*）」という。その化石は兵庫県だけではなく、日本各地で発見の報告がある。アケボノゾウの属するステゴドン類というグループは、大陸に起源をもつ。そして、日本列島と大陸が地続きだったときに日本にやってきたものの、肩高が4メートル近い祖先にとって、日本列島の植物は十分な量ではなかったとみられている。その結果、このグループでは小型化が進んだ。神奈川県のエピソードで紹介したミエゾウは、アケボノゾウの祖先と位置づけられている。

兵庫県のアケボノゾウの化石は牙や臼歯をはじめ多くの骨が、洲本市に分布する約250万年前〜約200万年前（新生代第四紀更新世初期）の地層や瀬戸内海の海底から発見されている。

緑の道しるべ阿那賀公園のアンモナイトと翼竜

ディディモセラス・アワジエンゼは「*Didymoceras awajiense*」と学名を綴り、プラヴィトセラス・シグモイダレは「*Pravitoceras sigmoidale*」と綴る。ディディモセラス・アワジエンゼの「*awajiense*」の部分は、もちろん、淡路島にちなんでいる。

ともに淡路島南部に分布する約7300万年前（白亜紀後期）の地層から多くの化石が産出する異常巻きアンモナイトである。なお、プラヴィトセラスの〝螺旋巻き部分〟は、一見すると〝普通のアンモナイト〟のように見えるが、実は中心部分（巻きの始めの部分）が尖《せん》塔《とう》のように立体的な螺旋になって小さく盛り上がっている。この二つの異常巻きアンモナイトは、進化の過程であるとの指摘があり、その指摘通りならば、ディディモセラス・アワジエンゼが原始形、プラヴィトセラス・シグモイダレが進化形となる。

ディディモセラス・アワジエンゼとプラヴィトセラス・シグモイダレは、今のところ日本固有の異常巻きアンモナイトである。ただし、ディディモセラスの仲間は多数報告されており、その化石産地は、アメリカ、オーストラリア、南アフリカ、ヨーロッパなど世界各地に広がっている。

翼竜類の化石は、緑の道しるべ阿那賀公園から北東へ15キロメートルほどの位置にある南あわじ市の淡路ふれあい公園に分布する白亜紀後期の地層から発見された。部位は首の骨だ。本文中で触れたように、アズダルコ類のものとみられているが、詳細はわかっていない。

緑の道しるべ阿那賀公園のディディモセラスのモニュメントは〝こちらの世界〟にも実在する。古生物ファンにとって隠れた〝古生物名所〟といえるかもしれない。ぜひ、訪ねてみてほしい。正直、恐竜のモニュメントは各地で見ることができるが、「異常巻きアンモナイト」のモニュメントはかなり珍しいといえる。筆者の訪問時は早朝だったのだけれども、おそらく夕焼け時には、エモーショナルな風景が広がるのだろう。

洲本城のヤマトサウルス

ヤマトサウルスは、「ヤマトサウルス・イザナギイ（*Yamatosaurus izanagii*）」と種名を綴る。「伊奘諾《イザナギ》の倭竜」との意味が込められており、日本の神話で伊奘諾と伊弉冉《イザナミ》が最初に生んだとされる島が淡路島であることにちなんでいる。洲本市内に分布する約7200万年前（白亜紀後期）の地層から発見されている。部位は下顎や首の骨など。

本文中で紹介したように、ヤマトサウルスはカムイサウルスと同じハドロサウルス類というグループに属し、同じ時代を生きていたとされる。しかし、ヤマトサウルスはカムイサウルスと比較すると原始的とされている。ヤマトサウルスを2021年に報告した北海道大学の小林快次さんたちによると、当時の日本が位置していた地域は、原始的なハドロサウルスが生き残ることができた特別な地域だった可能性があるという。こうした地域は、「レフュジア」と呼ばれ、動物の進化を考えるうえで重要とされる。

兵庫県立人と自然の博物館

三田市に位置する兵庫県立人と自然の博物館は、「ひとはく」の通称で親しまれている。自然史系の博物館であり、4階建ての館内には、さまざまな展示物が並ぶ。化石史分野では、タンバティタニスをはじめとし、本文中で登場したティラノサウルス類、サンダタンジュウ、ディディモセラスとプラヴィトセラスなどの化石のほか、アケボノゾウの骨格復元模型も展示されている。入口が3階にあり、自然史を大きく扱う「地球と生命の大地」コーナーは1階の奥にあるため、どことなく〝潜っていく感覚〟のある楽しいつくりとなっている。

ヤマトサウルスやアケボノゾウ、ディディモセラス、プラヴィトセラスなどは洲本市の淡路文化資料館にも展示がある。丹波市の丹波竜化石工房ちーたんの館とあわせて、まるっと確認したいところだ（1日では難しいだろうけれど）。

“あちらの世界”で古生物に「出会った」場所は実際にはココ！

『空想トラベルマップ』

兵庫県立人と自然の博物館
住所：兵庫県三田市弥生が丘 6 丁目
電話：079-559-2001
休館日：月曜日（祝日の場合は翌日）、年末年始（12 月 28 日～1 月 4 日）、冬期メンテナンス ※詳しくは HP 参照
開館時間：午前 10 時～午後 5 時（入館は午後 4 時 30 分まで）
料金：大人 200 円、大学生 150 円、70 歳以上 100 円、高校生以下無料 ※団体料金・障がい者割引など別途

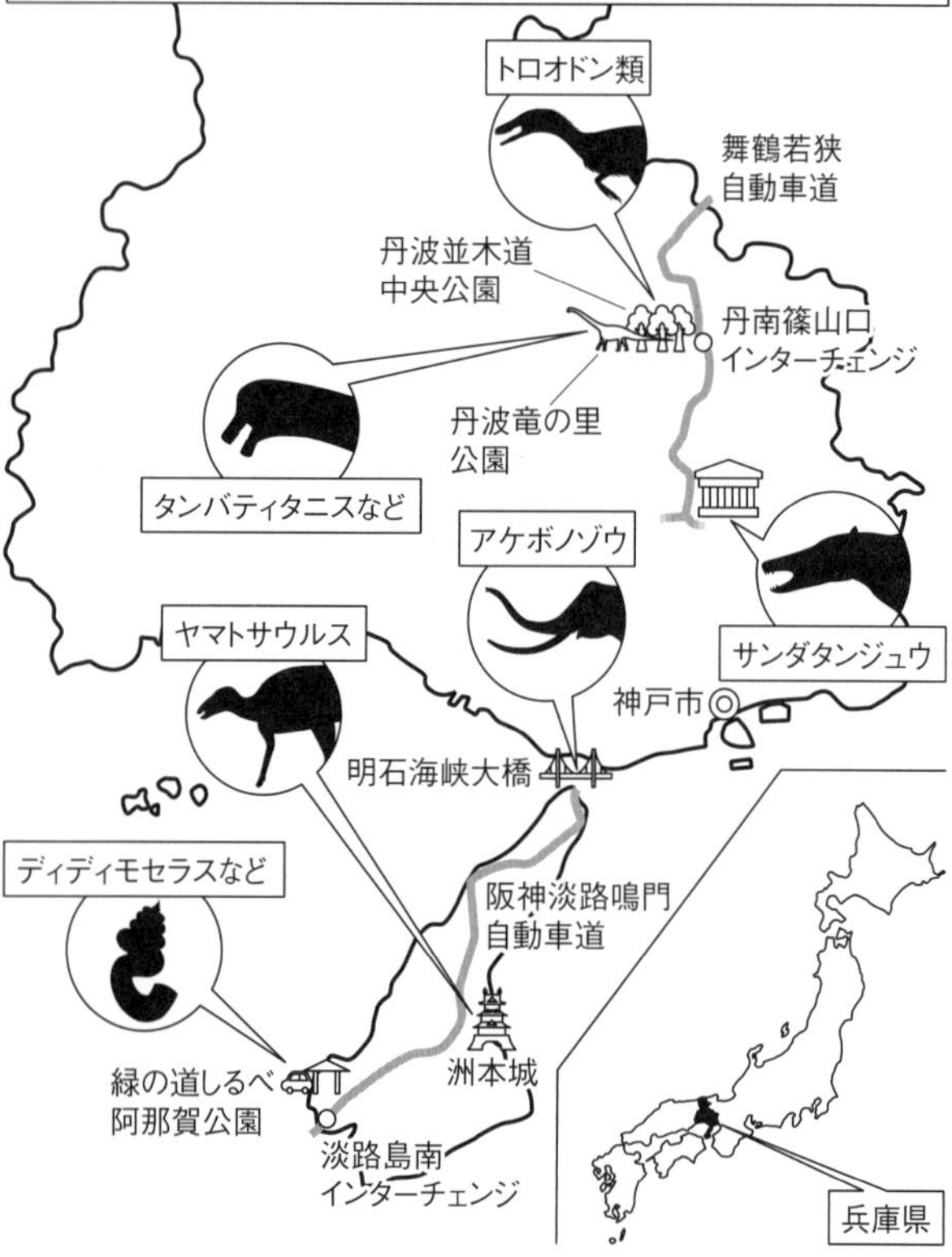

エピソード14　〝こちらの和歌山世界〟の古生物たち

加太海岸のナウマンゾウ

ナウマンゾウこと「パレオロクソドン・ナウマンニ（*Palaeoloxodon naumanni*）」は、和歌山県にもいた。本書においては、千葉県、神奈川県、北海道、大阪府に続く、5回目の登場となる（最多）。示し合わせたのではなく、各館協力者からの推薦でこの結果だ。まさしく、日本を代表するゾウといえるだろう。

和歌山県のナウマンゾウの化石は、友ヶ島付近でかつて盛んに行われていた底引き網漁で、その底引き網に引っかかって引き上げられたものが多い。ほぼ完全な状態の切歯（牙）や、ナウマンゾウとしては日本最大級の臼歯などがある。

広川河口のスピノサウルス類と各種古生物

ナツミコアカザエビは、その学名を「ホプロパリア・ナツミアエ（*Hoploparia natsumiae*）」という。本文でも言及しているように、ホプロパリアの仲間は、現生のアカザエビやロブスターの祖先にあたるとみられている。その歴史は、中生代白亜紀前期に始まり、新生代の新第三紀まで続いた。ホプロパリア・ナツミアエは、そんなホプロパリアの仲間の中で初期の種にあたる。化石は、広川の北に位置する湯浅町栖原《すはら》地区の山中に分布する約1億3000万年前(白亜紀前期)の地層で発見されている。

パラエガの仲間にもいくつかの種があり、〝あちらの広川〟に〝出現〟したパラエガは「パラエガ・ヤマダイ(*Paraega yamadai*)」という種だ。「*yamadai*」は、発見者の山田正司さんにちなむもの。その化石は、ナツミコアカザエビの産地のすぐ西で発見された。

クリオセラティテスの学名は、「クリオセラティテス・アジアティカム(*Crioceratites asiaticum*)」と綴る。同じく湯浅町栖原地区で化石が発見されている。

スピノサウルス類の化石は、湯浅町と広川町の2か所で発見されている。ともに部位は歯で、種名までは特定されておらず、約1億3000万年前のものとされる。湯浅町の化石は広川河口からすぐ北の湯浅湾沿いの海岸で転石から採集され、広川町の化石は河口から南西へ2キロメートルほどの距離にある白木海岸に分布する地層からみつかった。

全身像は不明ではあるものの、今回は、スピノサウルス類の代表ともいえる「スピノサウルス(*Spinosaurus*)」を参考に描写した。なお、群馬県の章で触れたように、スピノサウルスの復元については、〝水棲で四足歩行のバージョン〟と〝陸棲で二足歩行のバージョン〟

があり、本書執筆時現在、どちらが正しいとも結論が出ていない。そこで、ここでは和歌山県立自然博物館の担当者と相談した上で、〝水棲で四足歩行のバージョン〟を参考としている。

あらぎ島のモササウルス類とアンモナイト

モササウルス類の化石は、あらぎ島から西へ10キロメートルほどの有田川町鳥屋城山に分布する約7200万年前（白亜紀後期）の地層から発見された。頭骨をはじめとして、全身の約8割が保存されている。組織的な発掘と5年にわたるクリーニング作業が行われ、現在、研究が進められている。日本のモササウルス類の化石としては群を抜く保存の良さであり、世界的にも珍しい。今後の展開に期待だ。

「ディディモセラス・アワジエンゼ（*Didymoceras awajiense*）」の化石も鳥屋城山で発見されている。淡路島で発見されているものと同じ種だ（兵庫県の296ページ参照）。ただし、鳥屋城山の化石は、塔の部分（ソフトクリーム部分）が高いものがほとんどで、その部分が斜めに傾いているものもある。

2010年に北九州市立自然史・歴史博物館の御前明洋さんと京都大学（現在は九州大学）の前田晴良さんが発表した研究によると、この〝塔の部分が傾いている個体〟は、〝進化途上の個体〟であるという。ディディモセラス・アワジエンゼを祖先、そして、兵庫県の章で紹介した「プラヴィトセラス（*Pravitoceras*）」を子孫とした系統があるとされる。鳥屋城山でみつかる〝塔の部分が傾いている個体〟はその中間にある存在、というわけだ。

橋杭岩沖のメガロドン

メガロドンは、群馬県の章でも紹介した。和歌山県のメガロドンは、橋杭岩からすぐ西に位置する串本町の串本地区に分布する約１６００万年前（新第三紀中新世中期）の地層から発見されている。化石は、歯だ。なお、メガロドンの学名に関しては、群馬県の章（２１７ページ）を参考にされたい。なお、本書執筆時点で〝あちらの世界〟のような観望塔はないので、ご注意を。

和歌山県立自然博物館

和歌山県立自然博物館は、県都・和歌山市の南にある海南市の海岸沿いに位置している。その名の通り、「和歌山県の自然」をテーマにした博物館だ。天井まで高さのある大型水槽をはじめ、多くの水槽が並ぶ第１展示室では約５００種５０００匹の和歌山県や和歌山県沖の水棲生物が飼育されている。そして、第２展示室に貝類、昆虫類、鳥類、哺乳類、植物などの標本が並び、その奥にずらりと化石が並ぶ。モササウルス類の化石の産出状況を再現した標本をはじめ、スピノサウルス類の歯、各種アンモナイトやナツミコアカザエビなど、本書で登場した古生物たちの化石も展示されている。展示ケースの下の抽斗《ひきだし》の中にも貴重な標本が入っているので、ぜひ、その手で抽斗を引いてみてほしい。

和歌山県立自然博物館へのアクセスは、JR海南駅から和歌山市方面行きのバスで「琴の浦」のバス停を下車してすぐ。駅から歩いた場合でも30分ほどで到着する。タクシーの場合は、「県立自然博物館」では通じない場合があるので、そのときは、「大きな水槽のあるところ」と情報を足すと良い（筆者の初訪問時がそうだった）。自動車の場合は、阪和自動車道の海南インターチェンジから和歌山市方面へ約10分といったところ。ちなみに、「和歌山県立博物館」は和歌山県立自然博物館とは別の施設であり、和歌山市に位置しているので間違えないように。

“あちらの世界”で古生物に「出会った」場所は実際にはココ！

『空想トラベルマップ』

和歌山県立自然博物館
住所：和歌山県海南市船尾 370-1
電話：073-483-1777
休館日：月曜日（祝日・振替休日の場合は次の平日）、年末年始（12 月 29 日～1 月 3 日）
開館時間：午前 9 時 30 分～午後 5 時（入館は午後 4 時 30 分まで）
料金：大人 480 円、高校生以下無料 ※詳しくは HP 参照、団体料金別途

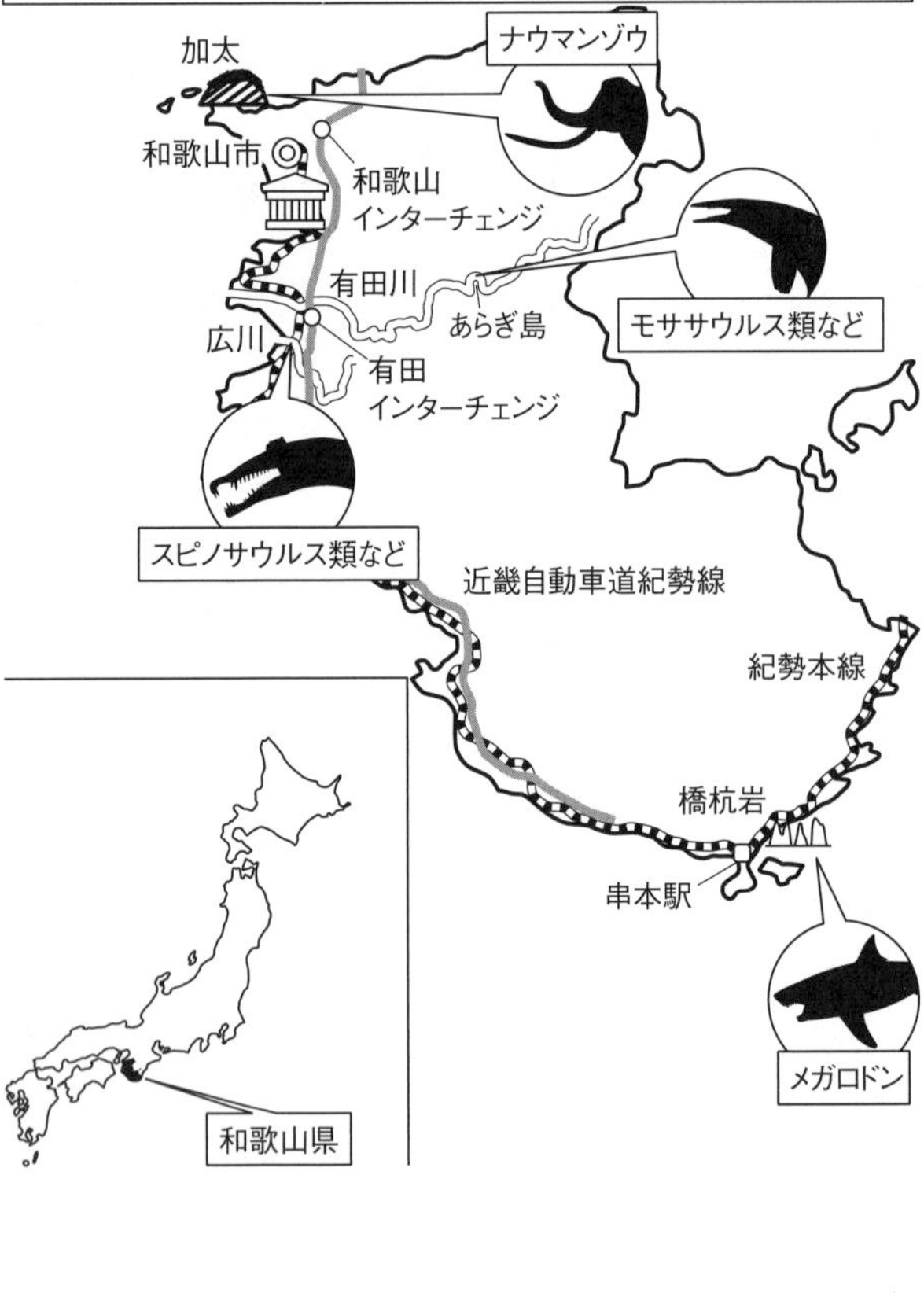

あとがき：〝あちらの景色〟を見に行こう

祝！　ハヤカワ新書創刊！

その第1弾の1冊として、本書を上梓できたことを嬉しく思います。

早川ファンのみなさんには、初めまして、の方も多いかと思います。古生物学を中心にサイエンスの楽しさをお届けするサイエンスライターの土屋健です。以後、お見知りおきを。

他の既刊拙著から続いて本書を手に取っていただいたみなさん、いつもありがとうございます。みなさんのおかげで、こうして多くの企画を担当させていただいております。

日本各地の〝古生物〟をめぐる旅、いかがでしたでしょうか？

私たちの暮らすこの列島からは、さまざまな化石が産出しています。近年は、恐竜化石の報告が各地で相次いでいますが、恐竜だけではなく、たくさんの魅力的な古生物がかつての日本に生きていたのです。

恐竜を含め、そうした古生物たちに対して、みなさんの知的好奇心を刺激し、知的探究心を喚起できたのでしたら、本書の企画は成功したといえると思います。

「あれ？　私の都府県が入っていない！」と思われた方も多いと思います。

本当に申し訳ない。これは、単純に時間とページの都合です。

この本で採用した道府県は、筆者と長年のおつきあいをしていただいている博物館のある道府県を中心としました。本企画を始動するにあたり、〝あちらの世界〟の「設定」が、専門家のみなさんにどれだけ受け入れられるかがわからなかったため（結果的には、専門家のみなさんに積極的にご協力いただけたわけですが）、これまでに別企画でお世話になったことのある博物館を中心としたラインナップとなりました。

でも、こうして1冊の本として上梓しましたから、次は大丈夫なはず（？）。「あれ？　私の住む都府県が入っていない！　私の都府県の〝あちらの世界〟も見てみたい」という方は、ぜひ、編集部までご要望を。

SNSで発信される方は、ぜひ、編集部がみつけやすいよう「#ハヤカワ新書」をつけるなどしてご要望ください。本書に収録されなかった都府県の〝あちらの世界〟については、読者のみなさんにかかっています。

本書の執筆に際して、第二部で紹介した各博物館のみなさまに大きなご協力をいただきました。お忙しい中、〝推し古生物〟のピックアップに始まり、取材対応、資料提供、イラストと原稿のチェックなどにご対応いただきました。本来であれば、各博物館の専門家のみなさまの名前を挙げたいところなのですが、……あまりにも多くのみなさまのご協力をいただいた結果、ページに余裕がなくなりました。恐縮ですが、第二部で挙げた博物館情報をもってお礼とさせてください。みなさん、本当にありがとうございました。なお、第二部で紹介した博物館以外にも、広大な道東エリアに関しては、浦幌《うらほろ》町立博物館の持田誠さんに、瑞浪のパレオパラドキシアに関しては、埼玉県立自然の博物館の北川博道さんに、その他にも多くの専門家のみなさんにご協力いただいています。ありがとうございます。重ねて感謝致します。

全篇にわたる〝あちらの世界〟のイラストは、谷村諒さんによるもの。谷村さんのイラストがあることで、世界の景色をより鮮明に提供できたのではないかと思います。谷村さん、ありがとう。

地図の作図は、妻（土屋香）が担当しました。妻は、私のすべての本の〝最初の読者〟でもあり、初稿段階でアドバイスももらいました。

編集は、早川書房の石井広行さんです。本企画は、石井さんからの打診と打ち合わせから始まりました。

編集部のみなさんをはじめとする早川書房のみなさん、印刷所のみなさん、配本関係のみなさん、書店のみなさん……。

多くの人々の力が集まって、この1冊となっています。この本に限った話ではありませんが、1冊の本ができるということは、とても多くの力が必要なのです。みなさん、本当にお疲れさまでした。


最後になってしまいましたが、ここまでお読みいただいたあなたに、大きな感謝を。ありがとうございます。

コロナ禍はひと段落した感がありますが、ロシアによるウクライナ侵攻や、止まらない物価高など、必ずしも「安心」の世情ではありません。

そんな世情の中で、みなさんに少しでも知的好奇心と知的探究心のワクワクをお届けできたのであれば、著者としては最高の喜びです。

さあ、次はぜひ、〝こちらの世界〟で博物館を訪ね、現地を楽しんでみてください。本書を読み終えたあなたの眼には、〝あちらの世界〟の景色が広がるはずです。

良い旅を！

2023年皐月

サイエンスライター　土屋　健

索 引

■な

■は

■や

もっと詳しく知りたい読者のための参考資料

本書を執筆するにあたり，とくに参考にした主要な文献は次の通り。

※本書に登場する年代値は，とくに断りのないかぎり，International Commission on Stratigraphy, 2022/10, INTERNATIONAL STRATIGRAPHIC CHART を使用している。

※なお，本文中で紹介されている論文等の執筆者の所属は，とくに言及がない限り，その論文の発表時点のものであり，必ずしも現在の所属ではない点に注意されたい。

エピソード１　千葉県

《一般書籍》

『古第三紀・新第三紀・第四紀の生物　下巻』監修：群馬県立自然史博物館，著：土屋 健，2016 年刊行，技術評論社

『小学館の図鑑ＮＥＯ［新版］動物』監修・指導：三浦慎吾，成島悦雄，伊澤雅子，吉岡 基，室山泰之，北垣憲仁，画：田中豊美ほか，2014 年刊行，小学館

『千葉のトリセツ』編：昭文社旅行ガイドブック編集部，2019 年刊行，昭文社

《ＷＥＢサイト》

海ほたる　https://www.umihotaru.com/

国立環境研究所　https://www.nies.go.jp/

新木更津市漁業協同組合　http://www.jf-kisarazu.jp/

新木更津市漁業協同組合牛込支所　http://www.jf-ushigome.or.jp/

新木更津市漁業協同組合江川支所　http://www.egawa-gyokyou.or.jp/

新木更津市漁業協同組合久津間支所　http://www.kuzuma.or.jp/

鯛の浦遊覧船　https://tainoura.jp/

千葉県立中央博物館　http://www2.chiba-muse.or.jp/NATURAL/

千葉県立中央博物館分館海の博物館　http://www2.chiba-muse.or.jp/www/UMIHAKU/

銚子市観光協会　https://www.choshikanko.com/

鳥羽水族館　https://aquarium.co.jp/

成田空港　https://www.narita-airport.jp/jp/

成田国際空港株式会社　https://www.naa.jp/jp/

成田市　https://www.city.narita.chiba.jp/

富津市　https://www.city.futtsu.lg.jp/
マザー牧場　https://www.motherfarm.co.jp/
《学術論文など》
高橋啓一, 2013, 日本のゾウ化石, その起源と移り変わり, 豊橋市自然史博物館研報, 23号, p65-73
守屋和佳, 2017, 東京の開発とともに歩んだ化石——東京産のトウキョウホタテ——, 化石, vol.102, p1-2
Charles Albert Repenning, Richard H. Tedford, 1977, Otarioid seals of the Neogene, USGS Numbered Series, no.992
Ienori Fujiyama, 1994, Two parasitic wasps from Aptian (Lower Cretaceous) Chosi amber, Chiba, Japan, Nat. Hist. Res., vol.3, no.1, p1-5
Ren Hirayama, Naotomo Kaneko, Hiroko Okazaki, 2007, *Ocadia nipponica*, a new species of aquatic turtle (Testudines: Testudinoidea: Geoemydidae) from the Middle Pleistocene of Chiba Prefecture, central Japan, Paleontological Research, vol.11, no.1, p1–19
Naoki Kohno, 1992, A new Pliocene fur seal (Carnivora: Otariidae) from the Senhata Formation on the Boso Peninsula, Japan, Nat.Hist. Res., vol.2, no.1, p15-28

エピソード２　神奈川県

《一般書籍》
『神奈川のトリセツ』編：昭文社旅行ガイドブック編集部, 2019年刊行, 昭文社
『古第三紀・新第三紀・第四紀の生物　下巻』監修：群馬県立自然史博物館, 著：土屋 健, 2016年刊行, 技術評論社
『小学館の図鑑ＮＥＯ［新版］動物』監修・指導：三浦慎吾, 成島悦雄, 伊澤雅子, 吉岡 基, 室山泰之, 北垣憲仁, 画：田中豊美ほか, 2014年刊行, 小学館
『世界動物大図鑑』編集：デイヴィッド・バーニー, 2004年刊行, ネコ・パブリッシング
『日本地質の研究 ナウマン論文集』著：エルンスト・ナウマン, 1996年刊行, 東海大学出版会
『日本の長鼻類化石』著：亀井節夫, 1991年刊行, 築地書館
《企画展図録》
『ナウマンゾウがいた！』2007年, 神奈川県立生命の星・地球博物館
『みどころ沢山　かながわの大地』2022年, 神奈川県立生命の星・地球

博物館
《WEBサイト》
愛川町観光協会　https://www.town.aikawa.kanagawa.jp/aikawa_kankoukyoukai/
海上自衛隊横須賀地方隊　https://www.mod.go.jp/msdf/yokosuka/
新日本歩く道紀行推進機構　https://michi100sen.jp/
北海道ぎょれん　https://www.gyoren.or.jp/
NHK　https://www.nhk.or.jp/
《学術論文など》
多摩川中上流域上総層調査研究プロジェクト実行委員会, 2020, 多摩川中上流域上総層調査研究プロジェクト報告書
樽 創, 長谷川善和, 2002, 加住丘陵から多摩丘陵にかけての鮮新—更新統産大型哺乳類化石, 国立科博専報, vol.38, p43-56
長谷川善和, 小泉明裕, 松島義章, 今永 勇, 平田大二, 1991, 鮮新統中津層の古生物, 神奈川県立博物館調査研究報告（自然科学）, vol.6, p1-8
Takeshi D. Nishimura, Masanaru Takai, Brigitte Senut, Hajime Taru, Evgeny N. Maschenko, Abel Prieur, 2012, Reassessment of Dolichopithecus (Kanagawapithecus) leptopostorbitalis, a colobine monkey from the Late Pliocene of Japan, Journal of Human Evolution, 62, p548-561
Shota Mitsui, Hajime Taru, Fumio Ohe, Chien-Hsiang Lin, Carlos Augusto Strüssmann, 2021, Fossil fish otoliths from the Chibanian Miyata Formation, Kanagawa Prefecture, Japan, with comments on the paleoenvironment, Geobios, 64, p47–63

エピソード３　群馬県

《一般書籍》
『機能獲得の進化史』群馬県立自然史博物館, 著：土屋 健, 2021年刊行, みすず書房
『群馬のトリセツ』編：昭文社旅行ガイドブック編集部, 2019年刊行, 昭文社
『古第三紀・新第三紀・第四紀の生物　下巻』監修：群馬県立自然史博物館, 著：土屋 健, 2016年刊行, 技術評論社
『ゼロから楽しむ古生物　姿かたちの移り変わり』監修：芝原暁彦, 著：土屋 健, イラスト：土屋 香, 2021年刊行, 技術評論社
『楽しい日本の恐竜案内』監修：石垣 忍, 林 昭次, 執筆：土屋 健ほか, 2018年刊行, 平凡社
『日本の古生物たち』監修：芝原暁彦, 著：土屋 健, イラスト：

ACTOW, 2019 年刊行, 笠倉出版社
《講演予稿集》
日本古生物学会第 161 回例会, 2012 年
《プレスリリース》
群馬県で発見された 1150 万年前のイルカ類化石 新種 *Kentriodon nakajimai* に認定, 群馬県立自然史博物館, 2019 年 3 月 20 日
群馬県で発見された 新種の「イルカ類化石」（*Kentriodon nakajimai*）7 点を特別公開, 群馬県立自然史博物館, 2019 年 6 月 28 日
自然史博物館が世界最古・新属新種のマイルカ科の化石を発見, 群馬県立自然史博物館, 2020 年 7 月 7 日
当館所蔵の群馬県産鳥類化石が新属新種と判明！『アンナカコバネハクチョウ』を緊急展示します, 群馬県立自然史博物館, 2022 年 4 月 28 日
《ＷＥＢサイト》
安中市 https://www.city.annaka.lg.jp/
桐生市 https://www.city.kiryu.lg.jp/
観光ぐんま https://gunma-kanko.jp/
世界遺産富岡製糸場 https://www.tomioka-silk.jp/tomioka-silk-mill/
だんべーどっとこむ https://www.dan-b.com/
Tripadvisor https://www.tripadvisor.jp/
《学術論文など》
伊藤 剛, 2021, ―螺旋状に配列した歯を持つヘリコプリオン―足尾山地における産出地点をめぐって, ＧＳＪ地質ニュース, vol.10, no.11, p276-281
鹿間時夫, 長谷川善和, 1962, 群馬県冨岡の巨角鹿について, 地学雑誌, vol.731, P247-253
後藤仁敏, 小林二三雄, 大沢澄可, 1983, 群馬県安中市の吉井層（中新世中期）から発見された化石巨大鮫 *Carcharodon megalodon* の歯群について（予報), 地質学雑誌, vol.89, no.10, p597-598
髙桒祐司, 岡部 勇, 2011, 群馬県桐生市の足尾帯のペルム系からクテナカントゥス科サメ類の新産出, 群馬県立自然史博物館研究報告, 15, p153-159
Hasegawa Yoshikazu, Buffetaut Eric, Manabe Makoto, and Takakuwa Yiji, 2003, A possible spinosaurid tooth from the Sebayashi Formation (Lower Cretaceous), Gunnia, Japan, Bulletin of Gunma Museum of Natural History, 7, p1-5
H. Yabe, 1903, On a Fusulina-limestone with *Helicoprion* in Japan, Journal of the Geological Society of Japan, 10（113）, p1-13
Kenshu Shimada, Matthew F. Bonnan, Martin A. Becker, Michael L.

Griffiths, 2021, Ontogenetic growth pattern of the extinct megatooth shark *Otodus megalodon*—implications for its reproductive biology, development, and life expectancy, Historical Biology, https://doi.org/10.1080/08912963.2020.1861608

Kubota Katsuhiro, Takakuwa Yuji, Hasegawa Yoshikazu, 2017, Second discovery of a spinosaurid tooth from the Sebayashi Formation (Lower Cretaceous), Kanna Town, Gunma Prefecture, Japan, Bulletin of Gunma Museum of Natural History 21, p1-6

Matsuoka Hiroshige, Hasegawa Yoshikazu, 2022, *Annakacygna*, a new genus for two remarkable flightless swans (Aves, Anatidae, Cygnini) from the Miocene of Gunma, central Japan: With a note on the birds' food niche shift and specialization of wings for parental care actions, Bulletin of Gunma Museum of Natural History 26, p1-30

Leif Tapanila, Jesse Pruitt, Alan Pradel, Cheryl D. Wilga, Jason B. Ramsay, Robert Schlader, Dominique A. Didier, 2013, Jaws for a spiral-tooth whorl: CT images reveal novel adaptation and phylogeny in fossil *Helicoprion*, Biology:Letters. vol.9, 20130057

Leif Tapanila, Jesse Pruitt, Cheryl, D. Wilga, Alan Pradel, 2018, Saws, scissors and sharks: Late Paleozoic experimentation with symphyseal dentition, The Anatomical Record, 303, p363-376

Teiichi Kobayashi, M.J.A., Takashi Hamada, 1982, Advance Reports on the Permian Trilobites of Japan. I, Proc. Japan Acad., vol.58, Ser. B, p45-48

Teiichi Kobayashi, M.J.A., Takashi Hamada, 1984, The Middle and Upper Permian Trilobites from the Akasaka Limestone in Gifu Prefecture, West Japan, Proc. Japan Acad., vol.60, Ser. B, p1-4

Toshiyuki Kimura, Yoshikazu Hasegawa, 2019, A new species of *Kentriodon* (Cetacea, Odontoceti, Kentriodontidae) from the Miocene of Japan, Journal of Vertebrate Paleontology, 39:1, e1566739, DOI: 10.1080/02724634.2019.1566739

Toshiyuki Kimura, Yoshikazu Hasegawa, 2020, *Norisdelphis annakaensis*, A new Miocene delphinid from Japan, Journal of Vertebrate Paleontology, DOI: 10.1080/02724634.2020.1762628

エピソード４　北海道・沼田町

《一般書籍》

『古第三紀・新第三紀・第四紀の生物　下巻』監修：群馬県立自然史博

物館, 著：土屋 健, 2016 年刊行, 技術評論社
『時と流れる川』文・絵：古沢 仁, 1999 年刊行, 沼田化石研究会／福音館書店
《博物館資料》
沼田町化石体験館ガイドブック, 2021 年刊行, 沼田町化石体験館
《ＷＥＢサイト》
石狩市　https://www.city.ishikari.hokkaido.jp/
日本遺産ポータルサイト　https://japan-heritage.bunka.go.jp/
北海道沼田町　https://www.town.numata.hokkaido.jp/
夜高あんどん祭り　https://numata-youtaka.com/
夜高祭　http://yotaka.jp/
《学術論文など》
中島 礼, 2007, タカハシホタテっていったいどんな生物？, 化石, 81, p90-98

エピソード５　北海道・中川町

《博物館資料》
自然誌の研究第 1 号, 1998 年 3 月刊行, 中川町郷土資料館
自然誌の研究第 5 号, 2002 年 12 月刊行, 中川町自然誌博物館
《講演予稿集》
日本古生物学会第 155 回例会, 2006 年
《プレスリリース》
北海道中川町の恐竜化石を新属新種「パラリテリジノサウルス・ジャポニクス」と命名, 岡山理科大学ほか, 2022 年 5 月 9 日
《ＷＥＢサイト》
国土交通省　https://www.mlit.go.jp/
国土交通省北海道開発局　https://www.hkd.mlit.go.jp/
中川町エコミュージアムセンター　https://city.hokkai.or.jp/~kubinaga/
中川町観光協会　https://nakagawatourism.com/
ナカガワのナカガワ　https://nakagawa-no-nakagawa.jp/
北海道中川町　https://www.town.nakagawa.hokkaido.jp/
《学術論文など》
Andrzej Kaim, Maria Aleksandra Bitner, Robert G. Jenkins, Yoshinori Hikida, 2010, A monospecific assemblage of terebratulide brachiopods in the Upper Cretaceous seep deposits of Omagari, Hokkaido, Japan. Acta Palaeontologica Polonica, 55,(1), p73–84
Andrzej Kaim, Robert G. Jenkins, Yoshinori Hikida, 2009, Gastropods

from Late Cretaceous Omagari and Yasukawa hydrocarbon seep deposits in the Nakagawa area, Hokkaido, Japan. Acta Palaeontologica Polonica, 54(3), p463–490. DOI: 10.4202/app.2009.0042

Kazushige Tanabe, Yoshinori Hikida, Yasuhiro Iba, 2006, Two coleoid jaws from the Upper Cretaceous of Hokkaido, Japan, J. Paleont., 80(1), p138–145

Mizuki Murakami, Chieko Shimada, Yoshinori Hikida, Hiromichi Hirano, 2012, Two New Extinct Basal Phocoenids (Cetacea, Odontoceti, Delphinoidea), from the Upper Miocene Koetoi Formation of Japan and Their Phylogenetic Significance, Journal of Vertebrate Paleontology, 32(5), p1172-1185

Mizuki Murakami, Ren Hirayama, Yoshinori Hikida, Hiromichi Hirano, 2008, A theropod dinosaur (Saurischia: Maniraptora) from the Upper Cretaceous Yezo Group of Hokkaido, Northern Japan, Paleontological Research, 12(4), p421-425

Robert G. Jenkins, Andrzej Kaim, Yoshinori Hikida, 2007, Antiquity of the substrate choice among acmaeid limpets from Late Cretaceous chemosynthesis-based communities, Acta Palaeontologica Polonica, 52(2), p369–373

Robert Gwyn Jenkins, Yoshinori Hikida, 2011, Carbonate Sediments Microbially Induced by Anaerobic Oxidation of Methane in Hydrocarbon-Seeps, STOROMATOLITE: Interaction of Microbes with Sediments, p593-605

Robert G. Jenkins, Andrzej Kaim, Yoshinori Hikida, Steffen Kiel, 2018, Four new species of the Jurassic to Cretaceous seep-restricted bivalve *Caspiconcha* and implications for the history of chemosynthetic communities, Journal of Paleontology, p1-15

Yoshitaka Yabumoto, Yoshinori Hikida and Takanobu Nishino, 2012, *Apsopelix miyazakii*, a New Species of Crossognathid Fish (Teleostei) from the Upper Cretaceous of Hokkaido, Japan, Paleontological Research, 16(1), p37-46

Yoshitsugu Kobayashi, Ryuji Takasaki, Anthony R. Fiorillo, Tsogtbaatar Chinzorig, Yoshinori Hikida, 2022, New therizinosaurid dinosaur from the marine Osoushinai Formation (Upper Cretaceous, Japan) provides insight for function and evolution of therizinosaur claws, Scientific Reports, 12:7207, https://doi.org/10.1038/s41598-022-11063-5

エピソード6　北海道・三笠市
《一般書籍》
『アンモナイト学』編：国立科学博物館，著：重田康成，2001年刊行，東海大学出版会
『地球生命　無脊椎の興亡史』監修：田中源吾，栗原憲一，椎野勇太，中島 礼，著：土屋 健，2023年刊行（予定），技術評論社
《プレスリリース》
北海道三笠市産の鳥類化石が新属新種であることを解明，北海道大学，2017年8月10日
《ＷＥＢサイト》
国土交通省北海道開発局　https://www.hkd.mlit.go.jp/
三笠高校生レストラン　https://mikasa-highschool-restaurant.com/
三笠市　https://www.city.mikasa.hokkaido.jp/
夕張市石炭博物館　https://coal-yubari.jp/
《博物館資料》
科学の眼　第410号，2007年5月刊行，姫路市科学館
自然科学のとびら　第3巻第4号，1997年11月刊行，神奈川県立生命の星地球博物館
自然誌の研究第1号，1998年3月刊行，中川町郷土資料館
《学術論文など》
岡本 隆，1984，異常巻きアンモナイト *Nipponites* の理論形態，化石，36，p37-51
田中公教，小林快次，2018，ヘスペロルニス目：白亜紀の潜水鳥類の起源と進化，日本鳥類学会誌，67（1），p57-68
Hiroshi Hawakaya, Makoto Manabe, Kenneth Carpenterm 2005, Nodosaurid Ankylosaur from the Cenomanian of Japan, Journal of Vertebrate Paleontology 25(1), p240–245
Hisakatsu Yabe, 1904, Cretaceous Cephalopoda from the Hokkaido, The journal of the College of Science, Imperial University of Tokyo, Japan, vol.10, article 2, p1-45
L.F. Spath, 1945, Probleme of Ammonite-Nomenclature X. The Naming of Pathological Specimens, Geological magagine, vol.82, Issue 6, p251-255
Michael W. Caldwell, Takuya Konishi, Ikuwo Obata, Kikuwo Muramoto, 2008, A new species Of *Taniwhasaurus* (Mosasauridae, Tylosaurinae) from the upper Santonian-lower Campanian (Upper Cretaceous) of Hokkaido, Japan, Journal of Vertebrate Paleontology, 28:2, p339-348, DOI: 10.1671/0272-4634(2008)28[339:ANSOTM]2.0.CO;2

Tomonori Tanaka, Yoshitsugu Kobayashi, Ken'ichi Kurihara, Anthony R. Fiorillo, Manabu Kano, 2017, The oldest Asian hesperornithiform from the Upper Cretaceous of Japan, and the phylogenetic reassessment of Hesperornithiformes, Journal of Systematic Palaeontology, DOI: 10.1080/14772019.2017.1341960

エピソード７　北海道・札幌市

《一般書籍》
『カムチャツカからアメリカへの旅』著：ステラー, 1978 年刊行, 河出書房新社
『カムチャツカ発見とベーリング探検』著：エリ・エス・ベルグ, 1942 年刊行, 龍吟社
『古第三紀・新第三紀・第四紀の生物　下巻』監修：群馬県立自然史博物館, 著：土屋 健, 2016 年刊行, 技術評論社
『世界のクジラ・イルカ百科図鑑』著：アナリサ・ベルタ, 2016 年刊行, 河出書房新社
『日本の古生物たち』監修：芝原暁彦, 著：土屋 健, 2019 年刊行, 笠倉出版社
《市刊行物》
札幌市大型動物化石総合調査報告書, 2007 年刊行, 札幌市
《講演予稿集》
日本古生物学会第 167 回年会, 2017 年
《雑誌記事》
「ケナガマンモスとナウマンゾウは共存したのか!?」協力：添田雄二, 執筆：土屋 健,『ジオルジュ』2016 年前期号, p7-9
《ＷＥＢサイト》
国土交通省　https://www.mlit.go.jp/
札幌市　https://www.city.sapporo.jp/
北海道公式観光サイト HOKKAIDO LOVE!　https://www.visit-hokkaido.jp/
北海道ボールパークＦビレッジ　https://www.hkdballpark.com/
《学術論文など》
篠原 暁, 木村方一, 古沢 仁, 1985, 北海道石狩平野の野幌丘陵から発見されたステラー海牛について, 地団研専報, 30, p97-117
添田雄二, 高橋啓一, 小田寛貴, 2013, 北広島市音江別川流域から産出した象類化石の ^{14}C 年代測定結果, 北方地域の人と環境の関係史 2010 ～ 2012 年度調査報告, p5-10
古沢 仁, 2005, 北太平洋海牛類（ヒドロダマリス亜科：

Hydrodamalinae）の進化と古環境, 化石, 77, p29-33
古沢 仁, 2013, 海牛の大型化に関する考察, 化石研究会会誌, vol.45（2）, p55-60

エピソード８　北海道・むかわ町

《一般書籍》
『海洋生命５億年史』監修：田中源吾，冨田武照，小西卓哉，田中嘉寛，著：土屋 健, 2018 年刊行, 文藝春秋
『カラー図説　生命の大進化 40 億年史　中生代編』監修：群馬県立自然史博物館, 著：土屋 健, 2023 年刊行, 講談社
『ザ・パーフェクト』監修：小林快次, 櫻井和彦, 西村智弘, 著：土屋 健, 2016 年刊行, 誠文堂新光社
『日本の古生物たち』監修：芝原暁彦, 著：土屋 健, 2019 年刊行, 笠倉出版社
《企画展図録》
『恐竜博 2019』2019 年, 国立科学博物館
《プレスリリース》
新種の白亜紀アンモナイト　ゴードリセラス・ホベツエンゼ（*Gaudryceras hobetsense*）を発表, むかわ町立穂別博物館, 2013 年 4 月 16 日
《ＷＥＢサイト》
じゃらん　https://www.jalan.net/
日本ダム協会　http://damnet.or.jp/
北海道文化資源データベース　https://www.northerncross.co.jp/bunkashigen/
むかわ町　http://www.town.mukawa.lg.jp/
むかわ町恐竜ワールド　https://mukawaryu.com/
ＪＦ鵡川漁業共同組合　https://www.jf-mukawa.jp/
《学術論文など》
Takuya Konishi, Michael W. Caldwell, Tomohiro Nishimura, Kazuhiko Sakurai, Kyo Tanoue, 2015, A new halisaurine mosasaur (Squamata: Halisaurinae) from Japan: the first record in the western Pacific realm and the first documented insights into binocular vision in mosasaurs, Journal of Systematic Palaeontology, http://dx.doi.org/10.1080/14772019.2015.1113447
Yoshitsugu Kobayashi, Tomohiro Nishimura, Ryuji Takasaki, Kentaro Chiba, Anthony R. Fiorillo, Kohei Tanaka, Tsogtbaatar Chinzorig, Tamaki Sato, Kazuhiko Sakurai, 2019, A New Hadrosaurine

(Dinosauria:Hadrosauridae) from the Marine Deposits of the Late Cretaceous Hakobuchi Formation, Yezo Group, Japan, Scientific Reports, 9:12389, https://doi.org/10.1038/s41598-019-48607-1

エピソード９　北海道・足寄町

《一般書籍》
『古第三紀・新第三紀・第四紀の生物　下巻』監修：群馬県立自然史博物館，著：土屋 健，2016 年刊行，技術評論社
『地球生命 水際の興亡史』監修：松本涼子，小林快次，田中嘉寛，著：土屋 健，2021 年刊行，技術評論社
『北海道のトリセツ』編：昭文社旅行ガイドブック編集部，2020 年刊行，昭文社
《博物館資料》
足寄動物化石博物館紀要第 1 号，2000 年刊行，足寄動物化石博物館
浦幌町立博物館だより　2018 年 6 月号，浦幌町立博物館
博物館だより　122 号，2012 年 4 月刊行，足寄動物化石博物館
博物館だより　123 号，2012 年 7 月刊行，足寄動物化石博物館
《プレスリリース》
骨化石の微細構造が明らかにした、謎の絶滅哺乳類デスモスチルスの生態，大阪市立自然史博物館，2013 年 4 月 2 日
《ＷＥＢサイト》
阿寒刊行汽船株式会社　http://www.akankisen.com/
あしょろ観光協会　https://www.town.ashoro.hokkaido.jp/kanko/
宇宙のまち大樹町公式 note　https://taiki-town.note.jp/
おいしいまち網走　https://visit-abashiri.jp/
釧路・阿寒湖観光公式サイト　https://ja.kushiro-lakeakan.com/
釧路市立博物館　https://hokkaidofan.com/
全国ロケーションデータベース　https://www.jldb.bunka.go.jp/
大樹町　https://www.town.taiki.hokkaido.jp/
大樹航空宇宙基地構想　https://kachimai.jp/taiki-spaceport/
とかち晴れ　https://tokachibare.jp/
十勝毎日新聞観光特集サイト　https://kachimai.jp/sightseeing/#world
博物館網走監獄　https://www.kangoku.jp/
新発見！　絶景北海道　http://zekkei-hokkaido.jp/
北海道十勝総合振興局　https://www.tokachi.pref.hokkaido.lg.jp/
北海道ファンマガジン　https://hokkaidofan.com/
《学術論文など》
新村龍也・安藤達郎・前寺喜世子・森 尚子・澤村 寛，2011，歯のあるヒ

ゲクジラ *Aetiocetus polydentatus* の復元, 化石, 90, p1-2
Kazuhiko Sakurai, Masaichi Kimura, Takayuki Katoh, 2008, A new penguin-like bird (Pelecaniformes:Plotopteridae) from the Late Oligocene Tokoro Formation, northeastern Hokkaido, Japan, ORYCTOS, vol.7, p83-94
Lawrence G. Barnes, Masaichi Kimura, Hitoshi Furusawa, Hirosi Sawamura, 1994, Classification and distribution of Oligocene Aetiocetidae (Mammalia; Cetacea; Mysticeti) from western North America and Japan, The Island Arc, 3, p392-431
Shoji Hayashi, Alexandra Houssaye, Yasuhisa Nakajima, Kentaro Chiba, Tatsuro Ando, Hiroshi Sawamura, Norihisa Inuzuka, Naotomo Kaneko, Tomohiro Osaki, 2013, Bone Inner Structure Suggests Increasing Aquatic Adaptations in Desmostylia (Mammalia, Afrotheria), PLoS ONE, 8(4): e59146. doi:10.1371/journal.pone.0059146
Wataru Tonomori, Hiroshi Sawamura, Tamaki Sato, Naoki Kohno, 2018, A new Miocene pinniped *Allodesmus* (Mammalia: Carnivora) from Hokkaido, northern Japan, R. Soc. open sci., 5: 172440, http://dx.doi.org/10.1098/rsos.172440
Yoshihiro Tanaka, Tatsuro Ando, Hiroshi Sawamura, 2018, A new species of Middle Miocene baleen whale from the Nupinai Group, Hikatagawa Formation of Hokkaido, Japan, PeerJ, 6:e4934; DOI 10.7717/peerj.4934

エピソード10　福井県

《一般書籍》
『福井のトリセツ』編：昭文社旅行ガイドブック編集部, 2021年刊行, 昭文社
《博物館資料》
はくさん第7巻第1号, 1979刊行, 石川県白山自然保護センター
《ＷＥＢサイト》
えちぜんおおの観光ガイド　https://www.ono-kankou.jp/
えちぜん鉄道　https://www.echizen-tetudo.co.jp/
大野市　https://www.city.ono.fukui.jp/
白山平泉寺　http://heisenji.jp/
福井県立恐竜博物館　https://www.dinosaur.pref.fukui.jp/
ふくいドットコム　https://www.fuku-e.com/
ｉ北陸　https://ihoku.jp/

《学術論文など》
安野敏勝, 2004, 福井県美山町の手取層群より脊椎動物化石の産出, 福井市自然史博物館研究報告, 第 51 号, p1-4
Kaito Asato, Kentaro Nakayama, Takuya Imai, 2022, Case study of the convergent evolution in the color patterns in the freshwater bivalves, Scientific Reports, 12:10885, https://doi.org/10.1038/s41598-022-14469-3
Nozomu Oayma, Hirokazu Yukawa, Takuya Imai, 2022, New cockroach assemblage from the Lower Cretaceous Kitadani Formation, Fukui, Japan, Palaeontographica, Abteilung A: Palaeozoology-Stratigraphy, vol.321, Issues1–6, p37–52

エピソード 11　岐阜県・瑞浪市

《一般書籍》
『古第三紀・新第三紀・第四紀の生物　下巻』監修：群馬県立自然史博物館, 著：土屋 健, 2016 年刊行, 技術評論社
『日本の古生物たち』監修：芝原暁彦, 著：土屋 健, 2019 年刊行, 笠倉出版社
《博物館資料》
みずなみ化石＆博物館ガイド, 2016 年刊行, 瑞浪市化石博物館
《講演予稿集》
日本古生物学会第 164 回例会, 2015 年
《プレスリリース》
マツボックリ化石にミキマツ（*Pinus mikii*）と命名, 大阪市立自然史博物館, 2016 年 2 月 16 日
《ＷＥＢサイト》
愛知県道路公社　https://www.aichi-dourokousha.or.jp/
犬山観光情報　https://inuyama.gr.jp/
鬼岩温泉観光ナビ　http://www.oniiwaonsen.com/
きなぁた瑞浪　https://kinahta.jp/
岐阜の旅ガイド　https://www.kankou-gifu.jp/
国営木曾三川公園　https://www.kisosansenkoen.jp/
国宝犬山城　https://inuyama-castle.jp/
埼玉県立自然の博物館　https://shizen.spec.ed.jp/
ジオランドぎふ「モバイル端末版」　https://geo-gifu.org/mobile/
ダム便覧 2021　http://damnet.or.jp/Dambinran/binran/TopIndex.html
地質標本鑑賞会　https://www.gsj.jp/Muse/hyohon/
奈良の鹿愛護会　https://naradeer.com/learning/ecology.html

熱帯西太平洋の新生代貝類の古生物研究【第２弾】ビカリアの多様性を探る, 加瀬友喜, https://www.kahaku.go.jp/research/researcher/my_research/geology/kase/index_vol2.html
バサラ瑞浪公式サイト　https://blog.goo.ne.jp/basara-mizunami/
微小貝　https://bishogai.com/
ぼうずコンニャクの市場魚貝類図鑑　https://www.zukan-bouz.com/
瑞浪市観光協会　https://xn--w0w51m.com/
《学術論文など》
安藤佑介, 2022, 瑞浪層群明世層産 *Kotorapecten egregius* (Itoigawa, 1955)（ミズナミホタテ）に開けられた八腕目による穿孔捕食痕の発見, 瑞浪市化石博物館研究報告, 第 49 号, p51-58
安藤佑介, 糸魚川淳二, 2018, 瑞浪北中学校敷地造成工事現場に露出した明世層中の *Crenomytilus*（エゾイガイ）密集部から産出した貝類化石, 瑞浪市化石博物館研究報告, 第 44 号, p13-24
甲能直樹, 安藤佑介, 楓 達也, 2021, 市道戸狩・月吉線工事現場（瑞浪市明世町）の下部中新統瑞浪層群 明世層より鰭脚類の頭蓋を含む骨格化石の産出, 瑞浪市化石博物館研究報告, 第 47 号, p125-135

エピソード 12　大阪府

《一般書籍》
『アンモナイト学』編：国立科学博物館, 著：重田康成, 2001 年刊行, 東海大学出版会
『大阪のトリセツ』編：昭文社旅行ガイドブック編集部, 2020 年刊行, 昭文社
『地球生命 水際の興亡史』監修：松本涼子, 小林快次, 田中嘉寛, 著：土屋 健, 2021 年刊行, 技術評論社
『ワニと龍』著：青木良輔, 2001 年刊行, 平凡社
《博物館資料》
大阪地下の二枚貝化石, 大阪市立自然史博物館収蔵資料目録　第 19 集, 1987 年刊行, 大阪市立自然史博物館
第 47 回特別展解説書, 大阪市立自然史博物館
第 51 回特別展解説書, 大阪市立自然史博物館
ネイチャースタディ　47 巻 11 号, 大阪市立自然史博物館友の会
《プレスリリース》
半世紀ぶりに明らかになったクジラの正体―大阪の地下に眠っていた骨は, 縄文時代のカツオクジラだった―, 2017 年 11 月 22 日, 大阪市立自然史博物館
《ＷＥＢサイト》

大阪市　https://www.city.osaka.lg.jp/
大阪大学総合学術博物館　https://www.museum.osaka-u.ac.jp/
大阪城天守閣　https://www.osakacastle.net/
大阪府　https://www.pref.osaka.lg.jp/
国立科学博物館　https://www.kahaku.go.jp/
造幣局　https://www.mint.go.jp/
徳島県立博物館　https://museum.bunmori.tokushima.jp/
長居公園　https://nagaipark.com/
長居植物園　https://botanical-garden.nagai-park.jp/
日本のレッドデータ検索システム　http://jpnrdb.com/
日本夜景遺産　http://yakei-isan.jp/
むかわ町恐竜ワールド　https://mukawaryu.com/
ラントリップ　https://runtrip.jp/
りんくう公園　https://rinku.osaka-park.or.jp/

《学術論文など》

中尾賢一, 2007, 長崎県島原半島に分布する更新統北有馬層の堆積相と貝化石相, 第四紀研究, 46(4), p341-354

Tatsuro Matsumoto, Yoshiro Morozumi, 1980, Late Cretaceous Ammonites from the Izumi Mountains, Southwest Japan, Bulltein of the Osaka Museum of Natural History, no.33, p1-31

Yasunari Shigeta, Kazushige Tanabe, Masataka Izukura, 2010, ***Gaudryceras izumiense*** Matsumoto and Morozumi, a Maastrichtian ammonoid from Hokkaido and Alaska and its biostratigraphic implications, Paleontological Research, vol.14, no.3, p202–211

Yoshihiro Tanaka, Hiroyuki Taruno, 2017, ***Balaenoptera edeni*** skull from the Holocene (Quaternary) of Osaka City, Japan, Palaeontologia Electronica 20.3.50A: 1-13, https://doi.org/10.26879/785

Yoshihiro Tanaka, Hiroyuki Taruno, 2019, The first cetacean record from the Osaka Group (Middle Pleistocene, Quatenary) in Osaka, Japan, Paleontological Research, vol.23, no.2, p166-173

エピソード13　兵庫県

《一般書籍》

『淡路洲本城』編：城郭談話会, 2017年刊行, 戎光祥出版

『大阪のトリセツ』編：昭文社旅行ガイドブック編集部, 2020年刊行, 昭文社

《博物館資料》

淡路島の化石, 1996年, 洲本市立淡路文化資料館

《WEBサイト》
明石海峡大橋ブリッジワールド　https://www.jb-honshi.co.jp/bridgeworld/
淡路島観光ガイド　https://www.awajishima-kanko.jp/
丹波市観光協会　https://www.tambacity-kankou.jp/
丹波地域恐竜化石フィールドミュージアム　https://tamba-fieldmuseum.com/
ツナガルマチSUMOTO　https://www.city.sumoto.lg.jp/site/tunagarumachi/
兵庫県公式観光サイト　https://www.hyogo-tourism.jp/
兵庫県立丹波並木道中央公園　https://www.hyogo-park.or.jp/tanba/
兵庫県立人と自然の博物館　https://www.hitohaku.jp/
《プレスリリース》
淡路島の恐竜化石を新属新種「ヤマトサウルス・イザナギイ」と命名, 2021年4月27日, 北海道大学ほか
《学術論文など》
河合雅雄ほか, 2001年, 神戸層群産サイ類化石発掘調査報告書
三枝春生, 田中里志, 2010, 神戸層群吉川層の哺乳類化石とその発掘地における堆積相（予報）, 化石研究会会誌, 42(2), p83-94
Haruo Saegusa, Tadahiro Ikeda, 2014, A new titanosauriform sauropod (Dinosauria: Saurischia) from the Lower Cretaceous of Hyogo, Japan, Zootaxa, 3848(1), p1–66
Takehisa Tsubamoto, Takashi Matsubara, Satoshi Tanaka, Haruo Saegusa, 2007, Geological age of the Yokawa Formation of the Kobe Group (Japan) on the basis of terrestrial mammalian fossils, Island Arc, 16, p479–492
Yoshitsugu Kobayashi, Ryuji Takasaki, Katsuhiro Kubota, Anthony R. Fiorillo, 2021, A new basal hadrosaurid (Dinosauria: Ornithischia) from the latest Cretaceous Kita - ama Formation in Japan implies the origin of hadrosaurids, Scientific Reports, 11:8547, https://doi.org/10.1038/s41598-021-87719-5

エピソード14　和歌山県

《一般書籍》
『白亜紀の生物　上巻』監修：群馬県立自然史博物館　著：土屋 健, 2015年刊行, 技術評論社
『和歌山のトリセツ』編：昭文社旅行ガイドブック編集部, 2021年刊行, 昭文社

《企画展図録》
『恐竜博 2019』2019 年, 国立科学博物館
《博物館資料》
和歌山に恐竜がいたころ, 2010 年, 和歌山県立自然博物館
《ＷＥＢサイト》
有田川町　https://www.town.aridagawa.lg.jp/
海と山の小さなまちの湯浅さんぽ　https://www.yuasa-kankokyokai.com/
加太海水浴場　https://kadabeach.com/
南紀串本観光ガイド　https://kankou-kushimoto.jp/
広川町　https://www.town.hirogawa.wakayama.jp/
和歌山県公式観光サイト　https://www.wakayama-kanko.or.jp/
和歌山市観光協会　https://www.wakayamakanko.com/
《学術論文など》
Akihiro Misaki, Haruyoshi Maeda, 2010, Two Campanian (Late Cretaceous) nostoceratid ammonoid from the Toyajo Formation in Wakayama, Southwest Japan, Cephalopods - Present and Past, p223-231
Hiroaki Karasawa, Masaaki Ohara, Hisayoshi Kato, 2008, New records for Crustacea from the Arida Formation (Lower Cretaceous, Barremian) of Japan, Boletín de la Sociedad GeolóGica Mexicana, vol.60, no.1, p101-110

著者略歴

サイエンスライター。2003年金沢大学大学院自然科学研究科博士前期課程修了。修士（理学）。科学雑誌「Newton」の編集記者、部長代理を経て、現在はオフィス ジオパレオント代表。著書に6万部を突破した『リアルサイズ古生物図鑑 古生代編』や、ファンから「古生物の黒い本」と呼ばれる〈生物ミステリー〉シリーズなど多数。2019年、サイエンスライターとして初めて「日本古生物学会貢献賞」を受賞。

ハヤカワ新書 002

古生物出現《こせいぶつしゅつげん》！ 空想《くうそう》トラベルガイド

二〇二三年六月二十日 初版印刷
二〇二三年六月二十五日 初版発行

著者 土屋《つちや》 健《けん》
発行者 早川 浩
印刷所 株式会社精興社
製本所 株式会社フォーネット社
発行所 株式会社 早川書房
東京都千代田区神田多町二ノ二
電話 〇三‐三二五二‐三一一一
振替 〇〇一六〇‐三‐四七七九九
https://www.hayakawa-online.co.jp

ISBN978-4-15-340002-3 C0245

©2023 Ken Tsuchiya

Printed and bound in Japan

定価はカバーに表示してあります

乱丁・落丁本は小社制作部宛お送り下さい。
送料小社負担にてお取りかえいたします。

本書のコピー、スキャン、デジタル化等の無断複製は
著作権法上の例外を除き禁じられています。

「ハヤカワ新書」創刊のことば

誰しも、多かれ少なかれ好奇心と疑心を持っている。

そして、その先に在る納得が行く答えを見つけようとするのも人間の常である。それには書物を繙いて確かめるのが堅実といえよう。インターネットが普及して久しいが、紙に印字された言葉の持つ深遠さは私たちの頭脳を活性して、かつ気持ちに余裕を持たせてくれる。

「ハヤカワ新書」は、切れ味鋭い執筆者が政治、経済、教育、医学、芸術、歴史をはじめとする各分野の森羅万象を的確に捉え、生きた知識をより豊かにする読み物である。

早川浩